もくじと学習の記ろく

JN046324

本書に関する最新情報は，当社ホームページにある**本書の「サポート情報」**をご覧ください。（開設していない場合もございます。）

1 大きい数のしくみ

1 次の数を数字で書きなさい。

(1) 10万を4こと1万を8こ合わせた数 　　　　（　　　　　　　　）

(2) 100万を6こと1万を2こと10を9
こ合わせた数 　　　　（　　　　　　　　）

(3) 1万を54こと1を780こ合わせた数 　　　　（　　　　　　　　）

(4) 85万の100倍の数 　　　　（　　　　　　　　）

(5) 10万の1000倍の数 　　　　（　　　　　　　　）

2 次の数について，下の問いに答えなさい。

25670789
　↑↑↑　↑
　アイウ　エ

(1) アの数字は，何の位ですか。 　　　　（　　　　　　　　）

(2) イの数字は，何の位ですか。 　　　　（　　　　　　　　）

(3) ウの7は，エの7を何倍した数ですか。 　　　　（　　　　　　　　）

(4) この数を漢数字で書きなさい。（　　　　　　　　）

3 次の数を漢数字で書きなさい。

(1) 5763800

(2) 9085000

(   )   (   )

(3) 20300700

(4) 98472364

(   )   (   )

4 下の数直線の↑の数を書きなさい。

300万   400万   500万

① ②   ③   ④

① (   )   ② (   )

③ (   )   ④ (   )

5 次の数を，大きいほうからじゅんに書きなさい。

(1) 5400000   5420000   54100000

(→   →   )

(2) 7130000   7134000   71190000

(→   →   )

(3) 4968300   5000038   4968299

(→   →   )

(4) 1000000   100000   10000000

(→   →   )

1 大きい数の しくみ

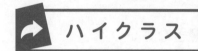

1 次の数を数字で書きなさい。(16点/1つ4点)

(1) 千万を3こ, 十万を8こ, 千を5こ合わせ
た数 (　　　　　　　)

(2) 十万を630こ集めた数 (　　　　　　　)

(3) 8530を1000倍した数 (　　　　　　　)

(4) 1億より100小さい数 (　　　　　　　)

2 0から7までのカードが1まいずつあります。このカードを使って,
次の8けたの数をつくりなさい。(12点/1つ4点)

(1) いちばん大きい数 (　　　　　　　)

(2) いちばん小さい数 (　　　　　　　)

(3) 7000万にいちばん近い数 (　　　　　　　)

3 下の数直線の↑の数を書きなさい。(16点/1つ4点)

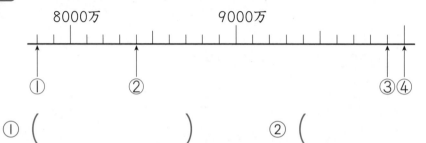

① (　　　　　　　)　　② (　　　　　　　)

③ (　　　　　　　)　　④ (　　　　　　　)

4 1さつ1800円の本を1000さつ買いました。代金はいくらになりますか。(10点)

(式)

答え（　　　　　　）

5 100円玉が1980こで何円になりますか。(13点)

(式)

答え（　　　　　　）

6 ある数を10倍すると7680になりました。ある数を1000倍するといくつになりますか。(13点)

（　　　　　　）

7 89420について調べます。(20点/1つ5点)

(1) 10倍すると，4は何の位になりますか。

（　　　　　　）

(2) 100倍すると，8は何の位になりますか。

（　　　　　　）

(3) 1000倍すると，9は何の位になりますか。

（　　　　　　）

(4) 1000倍した数を漢数字で書きなさい。

（　　　　　　）

2 たし算の文章題

標準クラス

1 684円のケーキと156円のジュースを買いました。
代金はいくらになりますか。
（式）

答え（　　　　　　　　）

2 下の図は，レストランのメニューとねだんです。

カレーライス　オムライス　スパゲティ　アイスクリーム　プリン　ケーキ
480円　　　550円　　　530円　　　370円　　260円　290円

(1) カレーライスとプリンを食べると，何円になりますか。
（式）

答え（　　　　　　　　）

(2) オムライスとアイスクリームを食べると，何円になりますか。
（式）

答え（　　　　　　　　）

(3) スパゲティとケーキを食べると，何円になりますか。
（式）

答え（　　　　　　　　）

3 ある町の2つの小学校の人数は，下の表のとおりです。

	男子	女子
東小学校	287人	264人
西小学校	158人	196人

(1) 東小学校の人数はみんなで何人ですか。
(式)

答え (　　　　　　　　)

(2) 西小学校の人数はみんなで何人ですか。
(式)

答え (　　　　　　　　)

(3) 2つの小学校の男子の人数の合計は，何人ですか。
(式)

答え (　　　　　　　　)

(4) 2つの小学校の女子の人数の合計は，何人ですか。
(式)

答え (　　　　　　　　)

4 ゆり子さんは，妹にシールを158まいあげたので，今276まい持っています。ゆり子さんは，はじめに何まい持っていましたか。
(式)

答え (　　　　　　　　)

2 たし算の文章題 → ハイクラス

1 赤い金魚は 169 ひきいます。黒い金魚は赤い金魚より 8 ぴき多いそうです。赤い金魚と黒い金魚を合わせると何びきですか。(10点)

(式)

答え (　　　　　　　　　　)

2 南小学校の人数は 368 人です。北小学校の人数は南小学校の人数より 5 人少ないそうです。2 つの小学校の人数を合わせると何人になりますか。(10点)

(式)

答え (　　　　　　　　　　)

3 右の図は，家，ケーキ屋さん，電器屋さんの間の道のりを表したものです。(20点/1つ10点)

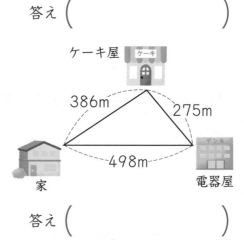

ケーキ屋
386m　275m
498m
家　電器屋

(1) 家からケーキ屋さんによって電器屋さんに行くと，何 m 歩きますか。

(式)

答え (　　　　　　　　　　)

(2) 家から電器屋さんによってケーキ屋さんに行って家に帰ると，何 m 歩きますか。

(式)

答え (　　　　　　　　　　)

書いてまとめる **4** 「176 ページ」「144 ページ」ということばを使って，「176 ＋ 144」の式になる問題をつくりましょう。(10点)

(　　　　　　　　　　　　　　　)

5 下の図のような文ぼう具を買います。(30点/1つ10点)

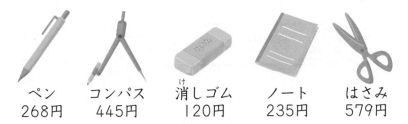

ペン
268円

コンパス
445円

消しゴム
120円

ノート
235円

はさみ
579円

(1) ペンとコンパスと消しゴムを買うと何円ですか。
(式)

答え（　　　　　　　　　　）

(2) 消しゴムとノートとはさみを買うと何円ですか。
(式)

答え（　　　　　　　　　　）

(3) ペンとコンパスとノートとはさみを買うと何円ですか。
(式)

答え（　　　　　　　　　　）

6 ケーキ屋さんに行きました。287円のプリンと449円のケーキを2こずつ買ってお金を出したら，28円のおつりでした。出したお金はいくらですか。(10点)
(式)

答え（　　　　　　　　　　）

7 なわとびをしました。弟は145回とびました。わたしは弟より32回多くとびました。お姉さんは，弟とわたしを合わせた回数より，29回多くとびました。お姉さんは何回とびましたか。(10点)
(式)

答え（　　　　　　　　　　）

3 ひき算の文章題

標準クラス

1 279円のパイを買って，500円出しました。おつりはいくらになりますか。
(式)

答え (　　　　　　　　)

2 (たされる数)＋(たす数)＝(答え) をもとにして，ある数をもとめる式をつくり，ある数をもとめなさい。

(1) ある数に178をたすと765になります。
(式)

答え (　　　　　　　　)

(2) 135にある数をたすと523になります。
(式)

答え (　　　　　　　　)

3 はる子さんの学校の子どもは，5年前より157人ふえて803人になりました。5年前は何人でしたか。
(式)

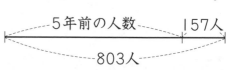

答え (　　　　　　　　)

4 南小学校は 567 人です。北小学校は 449 人です。どちらの小学校が何人多いですか。

(式)

答え（ 　　　　　　　　　　 ）

5 500 円玉 1 こを持って買い物に行きました。130 円のクッキーと 295 円のチョコレートを買いました。おつりはいくらですか。

(式)

答え（ 　　　　　　　　　　 ）

6 なわとびをしました。はるかさんは 338 回，お姉さんは 527 回とびました。どちらが何回多くとびましたか。

(式)

答え（ 　　　　　　　　　　 ）

7 あかりさんは，おべん当を買いました。500 円玉 1 こと 100 円玉 1 こを出して，おつりに 50 円玉 1 こと 10 円玉 3 こと 1 円玉 2 こを受け取りました。おべん当は何円ですか。

(式)

答え（ 　　　　　　　　　　 ）

8 右の筆算はまちがっています。どのようにまちがっているか，せつ明しましょう。

$$
\begin{array}{r}
9\,0\,4 \\
-\ 3\,6\,7 \\
\hline
5\,4\,7
\end{array}
$$

（ 　　　　　　　　　　 ）

3 ひき算の文章題 → ハイクラス

1 ある町の2つの小学校の人数は，下のとおりです。(50点/1つ10点)

	男 子	女 子
東小学校	502人	483人
西小学校	396人	404人

(1) 東小学校と西小学校の男子の人数のちがいは何人ですか。
(式)

答え (　　　　　　　　　　)

(2) 東小学校と西小学校の女子の人数のちがいは何人ですか。
(式)

答え (　　　　　　　　　　)

(3) 東小学校の男子と女子とでは，どちらが何人多いですか。
(式)

答え (　　　　　　　　　　)

(4) 西小学校の男子と女子とでは，どちらが何人多いですか。
(式)

答え (　　　　　　　　　　)

(5) 東小学校と西小学校の人数は，どちらが何人少ないですか。
(式)

答え (　　　　　　　　　　)

2 あゆみさんとお姉さんで，おりづるをおりました。お姉さんは342羽おって，2人合わせると531羽になりました。あゆみさんは何羽おりましたか。(10点)

(式)

答え (　　　　　　　　　　)

3 あきとさんは，437ページある本を読んでいます。あと，179ページで読み終わります。今までに，何ページ読みましたか。(10点)

(式)

答え (　　　　　　　　　　)

4 さちさんは，750円持って買い物に行きました。465円の筆箱と390円のはさみを買うには，いくらたりませんか。(10点)

(式)

答え (　　　　　　　　　　)

5 ゆりさんは370円，お姉さんは520円持っています。300円の本を買ったので，2人で150円ずつ出し合いました。のこりのお金はどちらが何円多いですか。(10点)

(式)

答え (　　　　　　　　　　)

6 けんさんが買い物をしました。500円持っていましたが，はじめにポテトチップスを買ったときは100円玉を2まい出して，75円のおつりをもらいました。次に，ポップコーンを買ったときは180円はらいました。今，何円持っていますか。(10点)

(式)

答え (　　　　　　　　　　)

4 たし算とひき算の文章題

標準クラス

1 (たされる数)＋(たす数)＝(答え)，(ひかれる数)－(ひく数)＝(答え)を
もとにして，ある数をもとめる式をつくり，ある数をもとめなさい。

(1) ある数に 847 をくわえると，1541 になります。

(式)

答え（　　　　　　）

(2) ある数から 763 をひくと 268 になります。

(式)

答え（　　　　　　）

(3) 986 にある数をたすと，1261 になります。

(式)

答え（　　　　　　）

(4) 1253 からある数をひくと，457 になります。

(式)

答え（　　　　　　）

2 富士山の高さは 3776 m です。世界一高いエベレストは 8848 m あります。富士山とエベレストの高さのちがいは何 m ですか。

（式）

答え（　　　　　　　　　）

3 下の表は，かずやさんの町の人数を表したものです。

	北地区	南地区
男（人）	1302	2638
女（人）	1498	2464

(1) 北地区の男女を合わせた人数は何人ですか。

（式）

答え（　　　　　　　　　）

(2) 南地区の男女を合わせた人数は何人ですか。

（式）

答え（　　　　　　　　　）

(3) 北地区と南地区の男の人の人数のちがいは何人ですか。

（式）

答え（　　　　　　　　　）

(4) 北地区と南地区の女の人の人数のちがいは何人ですか。

（式）

答え（　　　　　　　　　）

(5) かずやさんの町の人数は，全部で何人ですか。

（式）

答え（　　　　　　　　　）

4 たし算とひき算 の文章題 ⇨ ハイクラス

時 間	25分	とく点
合かく	80点	点

1 きのうの動物園の入園者数は，7628人でした。今日は，きのうより1078人多かったそうです。きのうと今日を合わせた入園者数は何人ですか。(10点)

（式）

答え（　　　　　　　　　　）

2 980円のケーキと，298円のクッキーを買うと，おつりが222円でした。何円出しましたか。(10点)

（式）

答え（　　　　　　　　　　）

3 右の表は，北町と西町と東町，3つの町の人口です。全部で何人ですか。(10点)

北町	3825人
西町	2746人
東町	4657人

（式）

答え（　　　　　　　　　　）

4 0，1，3，5，7の5まいのカードがあります。このカードをならべてできる5けたの数の中で，いちばん大きい数といちばん小さい数を合わせるといくつになりますか。(10点)

（式）

答え（　　　　　　　　　　）

5 それぞれを合わせたお金は，何円ですか。(10点)

（式）

39800円　4980円

答え（　　　　　　　　　　）

6 山町の人口は，海町の人口より 2749 人多くて 5378 人だそうです。

（20点/1つ10点）

(1) 海町の人口は何人ですか。
(式)

答え（　　　　　　　　　）

(2) 山町と海町の人口を合わせて1万人になるには，あと何人ふえればいいですか。
(式)

答え（　　　　　　　　　）

7 ⬚0, ⬚1, ⬚2, ⬚4, ⬚6 の5まいのカードがあります。このカードをならべてできる5けたの数のうちで，いちばん大きい数といちばん小さい数のちがいはいくつですか。(10点)
(式)

答え（　　　　　　　　　）

8 お母さんが買い物をしました。3万円持っていましたが，はじめに，ワンピースを買って1万円さつを2まい出して 1500 円のおつりをもらいました。次に，ハンドバッグを買って 7850 円はらいました。お金は何円のこっていますか。(10点)
(式)

答え（　　　　　　　　　）

9 サッカー用品のセットを1万円で売っています。それぞれを買うと右のようなねだんです。セットにすると何円のとくになりますか。(10点)
(式)

ボ　ー　ル	2480 円
ユニフォーム	4860 円
シューズ	3750 円
く　つ　下	600 円

答え（　　　　　　　　　）

チャレンジテスト①

答え▶べっさつ5ページ

時　間	25分	とく点
合かく	80点	点

1 右のようなカードが5まいあります。このカードをならべて3けたの数をつくります。(20点/1つ10点)

1	4	5	8	0

(1) いちばん大きな数と3番目に小さな数を合わせると，いくつですか。
(式)

答え (　　　　　　　　　)

(2) いちばん大きな数と2番目に小さな数のちがいは，どれだけですか。
(式)

答え (　　　　　　　　　)

2 学校の図書室に900さつの本があります。科学の本が206さつ，図かんが398さつで，のこりが物語の本です。物語の本は何さつありますか。(10点)
(式)

答え (　　　　　　　　　)

3 右の図は，学校から，たくやさんとわかなさんの家までの道のりを表したものです。(20点/1つ10点)

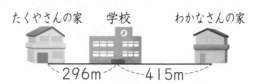

たくやさんの家　学校　わかなさんの家
296m　415m

(1) たくやさんの家から学校までの道のりと，わかなさんの家から学校までの道のりとでは，どちらが何m近いですか。
(式)

答え (　　　　　　　　　)

(2) たくやさんは自分の家から学校を通って，わかなさんの家まで歩き，同じ道を通って，自分の家までもどりました。たくやさんは何m歩きましたか。
(式)

答え (　　　　　　　　　)

4 次の数を数字で書きなさい。(20点/1つ5点)

(1) 千万を5こ，百万を2こ，1万を4こ集めた数 (　　　　　　　　)

(2) 千を650こ集めた数 (　　　　　　　　)

(3) 4000万より1000小さい数 (　　　　　　　　)

(4) 8640を1000倍した数 (　　　　　　　　)

5 □にあてはまる数を書きなさい。(10点/1つ5点)

(1) 999988 ― 999997 ― [　　　　　] ― 1000015

(2) 8600万 ― [　　　　] ― 8040万 ― 7760万 ― [　　　　]

6 なつ子さんは，267まいのシールを持っています。お姉さんは，なつ子さんより9まい多く持っています。2人合わせて何まい持っていますか。(10点)

(式)

答え (　　　　　　　　)

7 ケーキを2こ買ったら，698円にしてくれました。これは，もとのねだんより1こにつき71円安くなっています。ケーキ2このもとのねだんはいくらですか。(10点)

(式)

答え (　　　　　　　　)

チャレンジテスト②

1 下の図は, レストランのメニューとねだんです。(50点/1つ10点)

ピザ 675円　　サンドイッチ 548円　　ハンバーガーセット 485円　　ソフトクリーム 189円　　ジュース 198円

(1) ピザとジュースを注文すると, 代金はいくらですか。
(式)

答え (　　　　　　　)

(2) サンドイッチとソフトクリームとジュースを注文しました。代金はいくらですか。
(式)

答え (　　　　　　　)

(3) ハンバーガーセットとジュースをたのむと, 50円安くなるそうです。何円になりますか。
(式)

答え (　　　　　　　)

(4) ピザとソフトクリームを食べて, 1000円出しました。おつりは何円ですか。
(式)

答え (　　　　　　　)

(5) サンドイッチとソフトクリームを食べて, お金を出すと63円おつりがありました。何円出しましたか。
(式)

答え (　　　　　　　)

2 あき子さんは1000円持って買い物に行きました。はじめに，色えん筆を買うのに，100円玉を4まい出して75円おつりをもらいました。次に，筆箱を買うのに，485円はらいました。あき子さんは，今，何円持っていますか。(10点)

（式）

答え（　　　　　　　　　　）

3 何円になりますか。数字で書きなさい。(20点/1つ5点)

(1) 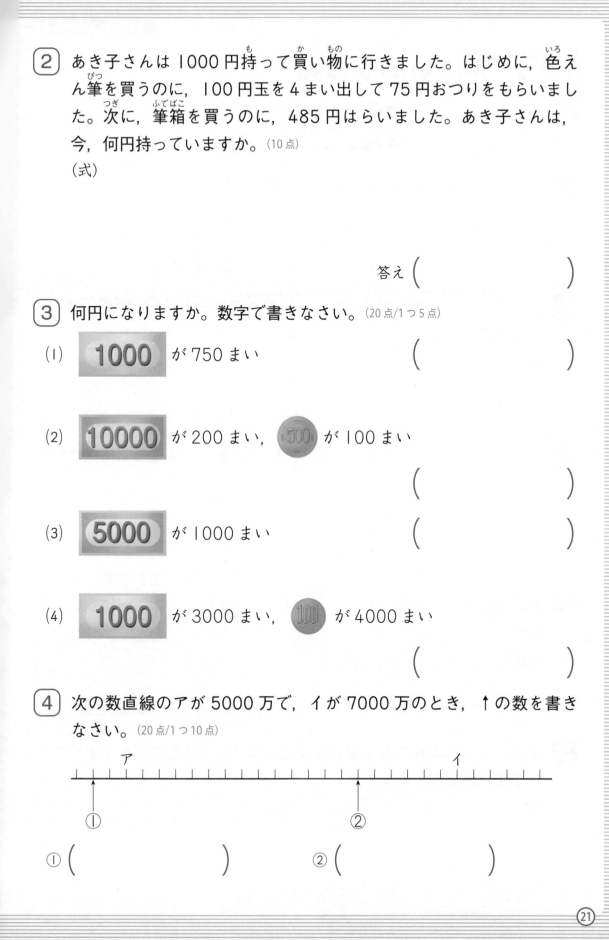 1000 が750まい　　　　　（　　　　　　　　　　）

(2) 10000 が200まい，500 が100まい

　　　　　　　　　　　　　　　　（　　　　　　　　　　）

(3) 5000 が1000まい　　　　　（　　　　　　　　　　）

(4) 1000 が3000まい，100 が4000まい

　　　　　　　　　　　　　　　　（　　　　　　　　　　）

4 次の数直線のアが5000万で，イが7000万のとき，↑の数を書きなさい。(20点/1つ10点)

ア　　　　　　　　　　　　　　　　　　イ

①　　　　　　　　　　②

① （　　　　　　　　　）　　②（　　　　　　　　　）

5 かけ算の文章題

標準クラス

1 えん筆1ダースは12本です。えん筆5ダースは何本ですか。
（式）

答え（　　　　　　　　）

2 あき子さんは，本を毎日45ページずつ読みます。6日間では何ページ読みますか。
（式）

答え（　　　　　　　　）

3 本を36さつずつ，4つのクラスに配ります。本は全部で何さつひつようですか。
（式）

答え（　　　　　　　　）

4 みかんを8こ買いました。みかん1こは76円です。何円はらいましたか。
（式）

答え（　　　　　　　　）

5 あきらさんの学校の3年生は4組あります。どの組も38人ずつです。3年生全体で何人いますか。
（式）

答え（　　　　　　　　）

6 色紙を1人に25まいずつ27人に配ります。色紙は全部で何まいいりますか。

(式)

答え ( )

7 文ぼう具店で、右のように品物を仕入れました。

品　物	1このねだん(円)	こ数(こ)
絵の具	225	60
はさみ	158	25
フェルトペン	485	45

(1) 絵の具の代金は全部でいくらになりますか。

(式)

答え ( )

(2) はさみの代金は全部でいくらになりますか。

(式)

答え ( )

(3) フェルトペンの代金は全部でいくらになりますか。

(式)

答え ( )

8 てつやさんのクラスでは、遠足のバス代として、1人875円集めます。38人分では、何円集まりますか。

(式)

答え ( )

9 国語のじてんを35さつ買います。1さつ950円です。代金はいくらになりますか。

(式)

答え ( )

5 かけ算の 文章題

ハイクラス

答え▶べっさつ6ページ

時間 25分 / 合かく 80点 / とく点 点

1 1000円持っておかし屋さんに行き，1こ75円のクッキーを買います。(20点/1つ10点)

(1) 12こ買うと，おつりはいくらになりますか。
(式)

答え（ 　　　　　）

(2) あといくらあれば，15こ買うことができますか。
(式)

答え（ 　　　　　）

2 ひろみさんは，毎日25字ずつ漢字の練習をしています。今日でちょうど6週間つづけました。全部で何字練習しましたか。(10点)
(式)

答え（ 　　　　　）

3 36こ入りのあめが28ふくろと，ばらのあめが19こあります。あめは全部で何こありますか。(10点)
(式)

答え（ 　　　　　）

4 84円切手が右の図のように，たてに5まいずつ，横に8まいずつあります。切手の代金は全部で何円ですか。(10点)
(式)

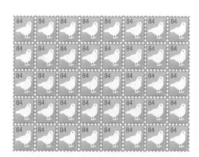

答え（ 　　　　　）

5 ひろしさんのクラス 35 人で遠足に行きます。(20点/1つ10点)

(1) 1人につき, バス代が 180 円, 電車代が 230 円かかります。全部で
いくらかかりますか。
（式）

答え （　　　　　　　　　）

(2) 1人につき, おべん当代が 590 円, 飲み物代が 120 円かかります。
全部でいくらかかりますか。
（式）

答え （　　　　　　　　　）

6 1箱 265 円のクッキーをまとめて 24 箱買ったら, お店の人が全部
で 6000 円にまけてくれました。何円安くしてくれましたか。(10点)
（式）

答え （　　　　　　　　　）

7 1こ 250 円のせんざいを 30 円引きで売っていたので, まとめて 35
こ買いました。代金はいくらですか。(10点)
（式）

答え （　　　　　　　　　）

8 1こ 125 円のまんじゅうを 42 こ買って, 70 円の箱につめました。
何円はらえばいいですか。(10点)
（式）

答え （　　　　　　　　　）

6 わり算の文章題

1 あめが 24 こあります。

(1) 同じ数ずつ 8 人に分けると, 1 人何こになりますか。
(式)

答え (　　　　　　　　　)

(2) 1 人に 6 こずつ分けると, 何人に分けられますか。
(式)

答え (　　　　　　　　　)

2 子ども会で, 40 人の子どもが遊園地に行き, 5 人ずつのグループに分かれました。

(1) 何グループできますか。
(式)

答え (　　　　　　　　　)

(2) 16 このボールを, それぞれのグループに同じ数ずつ分けるには, 1 つのグループに何こずつ配ればよいですか。
(式)

答え (　　　　　　　　　)

3 63 ページの本があります。毎日同じページ数ずつ読んで, 1 週間で読み終えるには, 1 日何ページずつ読めばいいですか。
(式)

答え (　　　　　　　　　)

4 えん筆が3ダースあります。これを7人で同じ数ずつ分けると，１人分は何本になって，何本あまりますか。

(式)

答え（　　　　　　　　　　）

5 おり紙が52まいあります。このおり紙を１人に6まいずつ配ると，何人に配れて，何まいあまりますか。

(式)

答え（　　　　　　　　　　）

6 59このチョコレートがあります。8こずつ箱につめると，8こ入りの箱は何箱できますか。

(式)

答え（　　　　　　　　　　）

7 4Lのお茶があります。このお茶を6dL入る水とうにいっぱいに入れていきます。お茶が6dL入った水とうは何こできますか。

(式)

答え（　　　　　　　　　　）

8 タクシーで34人のお客さんを駅からホテルまで送ります。１台に4人ずつ乗せると，何台ひつようですか。

この問題を次のア，イのようにときました。どちらの答えが正しいですか。そのわけも答えなさい。

ア（式）34÷4＝8あまり2　　（答え）8台
イ（式）34÷4＝8あまり2　　（答え）9台

答え（　　　　　　　　　　）

わけ（　　　　　　　　　　）

27

6 わり算の
文章題
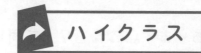
ハイクラス

答え▶べっさつ7ページ		
時　間	30分	とく点
合かく	80点	点

1 えん筆が3ダースと4本あります。4人で同じ数ずつ分けると，1人分は何本になりますか。(10点)

(式)

答え（　　　　　　　　）

2 おはじきが，右の図のようにならんでいます。(20点/1つ10点)

⟡⟡⟡⟡⟡⟡⟡⟡⟡⟡⟡⟡
⟡⟡⟡⟡⟡⟡⟡⟡⟡⟡⟡⟡

(1) たてを3こにすると，横は何こになりますか。

(式)

答え（　　　　　　　　）

(2) 横を4こにすると，たては何こになりますか。

(式)

答え（　　　　　　　　）

3 たくやさんはカードを15まい持っています。今日，お兄さんからもらった24まいを，かずおさんとあきらさんの3人で同じ数ずつ分けました。たくやさんのカードは全部で何まいになりましたか。(10点)

(式)

答え（　　　　　　　　）

4 9人ですると4日で終わる仕事があります。この仕事を6人ですると何日で終わりますか。(10点)

(式)

答え（　　　　　　　　）

5 今日は日曜日です。61日後は何曜日ですか。(10点)
（式）

答え（　　　　　　　　　　　　）

6 ジュースが6Lあります。これを8本のびんに分けると，4dLあまりました。1本のびんには何dL入りますか。(10点)
（式）

答え（　　　　　　　　　　　　）

7 同じ色紙を8まい買って100円出すと，12円おつりがありました。色紙は1まい何円ですか。(10点)
（式）

答え（　　　　　　　　　　　　）

8 クッキーが40こあります。これを6人で同じ数ずつ分けるのと，7人で同じ数ずつ分けるのとでは，どちらのほうが何こ多くあまりますか。(10点)
（式）

答え（　　　　　　　　　　　　）

9 36このドーナツを，1皿に3こずつのせて配ります。お皿は，まだ3まいのこっています。お皿は全部で何まいありますか。(10点)
（式）

答え（　　　　　　　　　　　　）

7 かけ算とわり算の文章題

1 ケーキが 24 こずつ入った箱が，39 箱あります。ケーキは全部で何こありますか。
(式)

答え （　　　　　　　　　）

2 えん筆が 42 本あります。同じ数ずつ6人に分けると，1人何本になりますか。
(式)

答え （　　　　　　　　　）

3 文集を1さつつくるのに，紙が 25 まいいります。文集を 48 さつつくるには，紙は全部で何まいいりますか。
(式)

答え （　　　　　　　　　）

4 色紙が 85 まいあります。この色紙を9人に同じまい数ずつ配ると，1人分は何まいになって，何まいあまりますか。
(式)

答え （　　　　　　　　　）

5 リボンを1人に 45 cm ずつわたします。37 人にわたすには，何 m 何 cm ひつようですか。

（式）

答え（　　　　　　　　　）

6 62 人の子どもがいます。8 人ずつ長いすにすわると，長いすは何きゃくひつようですか。

（式）

答え（　　　　　　　　　）

7 しょうゆが 1 L 8 dL 入ったびんが，1 ダースあります。しょうゆは，全部で何 L 何 dL ありますか。

（式）

答え（　　　　　　　　　）

8 40 日は，何週間と何日ですか。

（式）

答え（　　　　　　　　　）

9 まことさんの学校の 3 年生は 125 人で，学校全体の人数は，3 年生のちょうど 6 倍です。学校全体の人数は何人ですか。

（式）

答え（　　　　　　　　　）

答え▶べっさつ8ページ

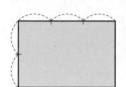

時 間	25分	とく点
合かく	80点	点

1 右のような長方形の紙のたての長さと横の長さをは
かりました。30 cm のものさしで，たてはちょう
ど2回，横はちょうど3回ありました。(30点/1つ10点)

(1) この紙のたての長さは何 cm ですか。
(式)

答え (   )

(2) この紙の横の長さは何 cm ですか。
(式)

答え (   )

(3) この紙のまわりの長さは何 m ありますか。
(式)

答え (   )

2 かんジュースが4ダースと6本あります。9人で同じ数ずつ分けると，
1人分は何本になりますか。(10点)
(式)

答え (   )

3 6人ですると3日で終わる仕事と，7人ですると2日で終わる仕事を，
8人ですると何日で終わりますか。(10点)
(式)

答え (   )

4 タイルが，右の図のようにならんでいます。このタイルを全部使って，いろいろな長方形をつくります。(20点/1つ10点)

(1) たてを2まいにすると，横は何まいになりますか。
（式）

答え（　　　　　　　　　）

(2) たてを4まいにすると，横は何まいになりますか。
（式）

答え（　　　　　　　　　）

5 トランプを使って，6人でばばぬきをします。トランプ1セットとジョーカー1まいをよくきって配ったところ，カードのまい数が8まいの人と9まいの人がいました。8まいの人は何人ですか。(10点)
（式）

答え（　　　　　　　　　）

6 345円のケーキを3こ買うと，100円安くなります。ケーキ3こと250円のジュースを1本買うと，代金はいくらですか。(10点)
（式）

答え（　　　　　　　　　）

7 運動場のトラックは185mです。ひろしさんが休み時間に走りましたが，5しゅうに40mたりませんでした。ひろしさんは何m走りましたか。(10点)
（式）

答え（　　　　　　　　　）

8 □を使った式

1 次の(1)～(3)の問題について，下の ⬚ の中の式にあてはめて，もとめる数やりょうを□で表した式をつくり，答えをもとめなさい。

(1) えん筆を半ダース買って，300円はらいました。えん筆1本のねだんは何円ですか。

（式）

答え （　　　　　　　　　）

(2) 500円持って文ぼう具を買いに行きました。買い物をして，お金が120円のこりました。文具店でいくらの買い物をしましたか。

（式）

答え （　　　　　　　　　）

(3) カードを同じまい数ずつ6人で分けたら，1人25まいずつになりました。カードははじめ何まいありましたか。

（式）

答え （　　　　　　　　　）

---

① （持っていたお金）－（使ったお金）＝（のこりのお金）

② （全体の数）÷（人　数）＝（1人分の数）

③ （1つ分のねだん）×（買った数）＝（代　金）

---

2 次の(1)～(4)の問題について，下の░░░の中の式にあてはめて，もとめる数やりょうを□で表した式をつくり，答えをもとめなさい。

(1) ドーナツが1箱と，ばらが9こあります。ドーナツは全部で24こあります。1箱にはドーナツは何こ入っていますか。

　(式)

　　　　　　　　　　　　　　　　　　　　答え (　　　　　　　　　)

(2) 同じ数ずつ9日間おりづるをおったら，72羽になりました。1日に何羽ずつおりましたか。

　(式)

　　　　　　　　　　　　　　　　　　　　答え (　　　　　　　　　)

(3) チョコレートとクッキーを買って1000円を出したら，40円のおつりがありました。代金はいくらでしたか。

　(式)

　　　　　　　　　　　　　　　　　　　　答え (　　　　　　　　　)

(4) リボンを25cmずつ切っていったら，ちょうど36本とれました。はじめ，リボンはどれだけありましたか。

　(式)

　　　　　　　　　　　　　　　　　　　　答え (　　　　　　　　　)

---

① （出したお金）－（代　金）＝（おつり）
② （1日におった数）×（おった日数）＝（全部の数）
③ （全体の数）÷（人　数）＝（1人分の数）
④ （もとの長さ）÷（1本の長さ）＝（本　数）
⑤ （1箱に入った数）＋（ばらの数）＝（全部の数）

8 □を使った式

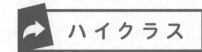 ハイクラス

1 次の問題文をことばの式に表しなさい。また，ことばの式をもとにして，□を使った式に表しなさい。(20点/1つ10点)

(1) 全部で300ページある本を読んでいます。今日までに何ページか読み，あと84ページのこっています。

ことばの式 (　　　　　)-(　　　　　)=(　　　　　)

□を使った式 (　　　　　　　　)

(2) りんごが同じ数ずつ入ったふくろを6ふくろもらったら，りんごは全部で54こありました。

ことばの式 (　　　　　)×(　　　　　)=(　　　　　)

□を使った式 (　　　　　　　　)

2 1こ240円のクッキーを3こ買って，おつりを280円もらいました。出したお金は何円ですか。□を使った式に表して，答えをもとめなさい。(15点)

(式)

答え (　　　　　　　　)

3 50このチョコレートを8こずつ箱につめたら，チョコレートが2こあまりました。何箱できましたか。□を使った式に表して，答えをもとめなさい。(15点)

(式)

答え (　　　　　　　　)

4 ゆり子さんは，今日お母さんからえん筆を1ダースもらったので，40本になりました。はじめ持っていたえん筆は何本ですか。□を使った式に表し，答えをもとめなさい。(10点)

(式)

答え（　　　　　　　　　）

5 1m80cmあったリボンを45cm切り取りました。のこりのリボンの長さはみち子さんの身長と同じです。みち子さんの身長は何m何cmですか。□を使った式に表し，答えをもとめなさい。(10点)

(式)

答え（　　　　　　　　　）

6 おりづるをおっています。今日50羽おりました。あと，270羽おると1000羽になります。きのうまでにおったおりづるは何羽ですか。□を使った式に表し，答えをもとめなさい。(15点)

(式)

答え（　　　　　　　　　）

7 ペットボトルにお茶が入っています。これを2dLずつコップに分けると，ちょうど9このコップがいっぱいになりました。はじめペットボトルにお茶が何L何dL入っていましたか。□を使った式に表し，答えをもとめなさい。(15点)

(式)

答え（　　　　　　　　　）

チャレンジテスト③

答え ▶ べっさつ9ページ

時間	25分	とく点
合かく	80点	点

① 50円玉だけを，ちょ金箱に入れていました。いっぱいになったので，まい数を数えると97まいありました。全部で何円ありますか。(8点)

（式）

答え（　　　　　　　　　　）

② 1こ118円のりんごを6ことや，1こ445円のかんづめを2こ買いました。代金はいくらですか。(8点)

（式）

答え（　　　　　　　　　　）

③ 35このりんごを4こずつふくろにつめます。4こ入りのふくろは何ふくろできますか。(8点)

（式）

答え（　　　　　　　　　　）

④ 赤いおり紙6まいと青いおり紙2まいを1人分にして，何人かに配りました。おり紙は全部で72まいありました。何人に配りましたか。

(8点)

（式）

答え（　　　　　　　　　　）

⑤ 1本94円の色えん筆を9本買って，1000円出しました。おつりはいくらですか。(8点)

（式）

答え（　　　　　　　　　　）

6 クッキーが 60 こあります。何人かで分けると 1 人分が 8 こで，4 こあまりました。何人で分けましたか。(10点)
(式)

答え（　　　　　　　　　　）

7 1 さつ 276 円のノートを 5 さつと，450 円のはさみを 1 こ買いました。お金をいくらはらえばよいですか。(10点)
(式)

答え（　　　　　　　　　　）

8 31 日は何週間と何日ですか。(10点)
(式)

答え（　　　　　　　　　　）

9 赤い花 3 本，白い花 4 本を 1 つの花たばにして，何人かに配りました。花は全部で 63 本いりました。配った人数を□人として式をつくり，配った人数をもとめなさい。(10点)
(式)

答え（　　　　　　　　　　）

10 学校全員で遠足に行きました。山の上までロープウエーで登ります。25 人乗りのロープウエーで 24 回運んでも，まだ 12 人のこっていました。全員で何人いましたか。(10点)
(式)

答え（　　　　　　　　　　）

11 ある数を 9 でわると，答えは 70 あまり 5 です。ある数をもとめなさい。(10点)
(式)

答え（　　　　　　　　　　）

チャレンジテスト④

1 子ども会の 38 人で動物園に行きます。さんかひは大人 850 円，子ども 400 円です。子どもは 25 人います。さんかひは全部でいくらになりますか。(10 点)

(式)

答え (　　　　　　　)

2 ある年の 4 月 1 日は月曜日でした。4 月 25 日は何曜日ですか。(10 点)

(式)

答え (　　　　　　　)

3 1 本 55 円のえん筆を，まとめて 2 ダース買いました。代金はいくらですか。(10 点)

(式)

答え (　　　　　　　)

4 40cm のテープがあります。9 cm ずつ 3 本のテープを切り取ると，テープは何 cm のこりますか。(10 点)

(式)

答え (　　　　　　　)

5 チョコレートが，何こかありました。8 こずつ分けると，4 人に分けられて，3 こあまりました。はじめに，チョコレートは何こありましたか。(10 点)

(式)

答え (　　　　　　　)

6 1こ 120 円のケーキを 15 円安く売っています。このケーキを 8 こ
買うと、代金はいくらですか。(10点)
(式)

答え (　　　　　　　　)

7 はばが 50 cm の本だなに、同じあつさの本を 8 さつすき間なく立て
てならべると、本だなのはしが 18 cm あきました。この本 1 さつの
あつさは何 cm ですか。(10点)
(式)

答え (　　　　　　　　)

8 チョコレートがあります。箱入りの 5 箱とばらの 6 こを合わせると、
41 こになります。1 箱に入っている数を□ことして式をつくり、1
箱に入っている数をもとめなさい。(10点)
(式)

答え (　　　　　　　　)

9 35 人で遠足に行きました。1 人にバス代が 300 円、入園りょうが
150 円かかります。ひ用は、全部で何円かかりますか。(10点)
(式)

答え (　　　　　　　　)

10 ある数を 7 でわると、答えは 8 あまり 6 になりました。ある数を 9 で
わった答えをもとめなさい。(10点)
(式)

答え (　　　　　　　　)

9 時こくと時間

標準クラス

1 今の時こくは，午前6時25分です。

(1) 40分後は何時何分ですか。

( )

(2) 50分前は何時何分ですか。

( )

(3) 午前8時まで，何時間何分ありますか。

( )

2 たろうさんは，花子さんとゲームをしました。25分間ゲームをして，時計を見ると，午後3時15分でした。ゲームを始めた時こくは何時何分ですか。

( )

3 こま回しをしました。まさきさんは1分17秒，あきらさんは45秒回りました。2人のちがいは何秒ですか。

( )

4 大阪駅を午前8時に出て，東京駅に午前10時35分に着く新幹線があります。大阪駅から東京駅までかかった時間は何時間何分ですか。

( )

5 図を見て，下の問いに答えなさい。

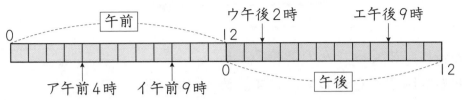

(1) アからイまでの時間は何時間ですか。

(　　　　　　　　)

(2) ウからエまでの時間は何時間ですか。

(　　　　　　　　)

(3) アからウまでと，イからエまでの時間では，どちらが何時間長いですか。

(　　　　　　　　)

6 次の(　)の中に，あてはまる時間のたんいを書きなさい。

(1) 50mを走るのにかかる時間 …… 10 (　　　　)

(2) すいみん時間 ……………………… 8 (　　　　)

(3) じゅ業の時間 ……………………… 45 (　　　　)

(4) 昼の休み時間 ……………………… 30 (　　　　)

7 広こくを100まいいんさつします。アのいんさつきは，2分20秒かかります。イのいんさつきは，1分45秒かかります。どちらのいんさつきがどれだけはやいですか。

(　　　　　　　　)

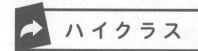

時　間	25分	とく点
合かく	80点	点

9 時こくと 時間　ハイクラス

1 右の表は，めぐみさんの学校の１日のおもな時こくを表しています。めぐみさんは毎日午前８時に学校に着きます。

(1) めぐみさんが学校に着くのは，「全校朝会」の始まる何分前ですか。
(10点)

（　　　　　　　　　　　）

(2) めぐみさんの家から学校まで25分かかります。めぐみさんは何時何分に家を出ますか。(10点)

（　　　　　　　　　　　）

〈時こく表〉

午　前

時	分		時	分		
8	15	～	8	30	…	全校朝会
8	30	～	8	40	…	朝の会
8	45	～	9	30	…	１時間目
9	35	～	10	20	…	２時間目
10	20	～	10	40	…	大休けい
10	40	～	11	25	…	３時間目
11	30	～	12	15	…	４時間目

午　後

時	分		時	分		
0	15	～	1	25	…	きゅう食休けい
1	25	～	1	45	…	そうじ
1	50	～	2	35	…	５時間目
2	40	～	3	25	…	６時間目
3	25	～	3	45	…	終わりの会

(3) 「全校朝会」と「朝の会」を合わせると，何分ありますか。(10点)

（　　　　　　　　　　　）

(4) 「きゅう食」の始まりから「６時間目」の終わりまでは，何時間何分ですか。(15点)

（　　　　　　　　　　　）

(5) 今日めぐみさんは午後４時に学校を出ました。学校にいた時間は，どれだけですか。(15点)

（　　　　　　　　　　　）

2 けんたさんは，午前8時25分から国語の勉強を
40分しました。その後，15分休んでから，算数
の計算ドリルを35分し，なわとびを20分しまし
た。(20点/1つ10点)

(1) 国語と算数の勉強をした時間は，合わせて何時間何
分ですか。

( )

(2) なわとびが終わった時こくは何時何分ですか。

( )

3 さち子さんは電車に乗って，東町の動物園に遊びに行きました。
午前10時2分発の電車に乗るため，発車の20分前に家を出ました。
電車が東町の駅に着いたのは，午前10時17分でした。それから5
分歩くと動物園に着きました。(20点/1つ10点)

(1) さち子さんは何時何分に家を出ましたか。

( )

(2) 家を出てから動物園まで何分かかりましたか。

( )

10 長 さ

標準クラス

1 右の図を見て，問いに答えなさい。

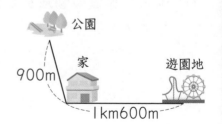

(1) 家から遊園地までの道のりは，家から公園までの道のりより何m長いですか。
(式)

答え (　　　　　　　　　)

(2) 公園から遊園地までの道のりはどれだけですか。
(式)

答え (　　　　　　　　　)

2 右の図は，みのるさんの家から学校までの道のりを表したものです。

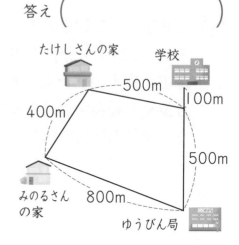

(1) ゆうびん局の前を通って学校へ行くと，何km何mになりますか。
(式)

答え (　　　　　　　　　)

(2) ゆうびん局の前を通って行くと，たけしさんの家の前を通って行くより，どれだけ遠くなりますか。
(式)

答え (　　　　　　　　　)

3 次の（ ）の中に，あてはまる長さのたんいを書きなさい。

(1) はがきの横の長さ …………… 10 （　　　　　）

(2) トラック1しゅうの長さ … 400 （　　　　　）

(3) 富士山の高さ …………… 3776 （　　　　　）

(4) 1時間に歩く道のり ………… 4 （　　　　　）

4 右の図は，こはるさんの家から学校までの道のりを表したものです。

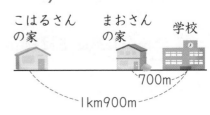

こはるさん　　まおさん
の家　　　　の家　　　　学校

700m

1km900m

(1) こはるさんの家からまおさんの家まではどれだけありますか。

（式）

答え （　　　　　　　　　　　）

(2) こはるさんの家から学校まで行って，家に帰ると，どれだけの道のりになりますか。

（式）

答え （　　　　　　　　　　　）

5 右の図は，家からスーパーまでの道のりを表したものです。

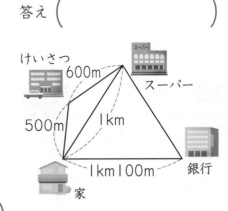

けいさつ
600m
スーパー
500m　　1km
1km100m　　銀行
家

(1) 「家→スーパー」の道のりと，「家→けいさつ→スーパー」の道のりのちがいはいくらですか。

（式）

答え （　　　　　　　　　）

(2) 「銀行→スーパー」の道のりは，「家→スーパー」の道のりより400 m近いそうです。「銀行→スーパー」の道のりはいくらありますか。

（式）

答え （　　　　　　　　　　　）

10 長さ

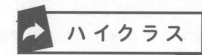 ハイクラス

1 下の図で，学校から駅までの道のりは，学校から病院までの道のりの2倍です。学校からけいさつまでと学校から市役所までの道のりは同じです。(30点/1つ10点)

けいさつ　駅　　学校　病院　　市役所　　　　　　　　　　工場
　　　300m　　　　400m　　　　　2500m

(1) 学校から駅までは何mありますか。
(式)

答え (　　　　　　　　　)

(2) 病院から市役所までは何mありますか。
(式)

答え (　　　　　　　　　)

(3) 学校から工場までは何km何mありますか。
(式)

答え (　　　　　　　　　)

2 けんたさんは5歩で300cm歩くそうです。(20点/1つ10点)

(1) けんたさんは1歩で何cm歩きますか。
(式)

答え (　　　　　　　　　)

(2) けんたさんが自分の家から公園まで歩いたときの歩数は98歩でした。けんたさんの家から公園までの道のりは何m何cmと考えられますか。
(式)

答え (　　　　　　　　　)

3 1しゅう135mあるトラックを10しゅう走りました。何m走りましたか。また，それは何km何mですか。(10点/1つ5点)

(式)

答え (　　　　　　，　　　　　　)

4 毎日，1しゅう180mのトラックを5しゅうします。1週間では，何km何m走りますか。(10点)

(式)

答え (　　　　　　)

5 図を見て，問いに答えなさい。

(30点/1つ15点)

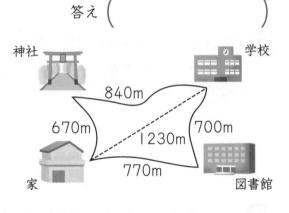

神社　　　　　　　　　　学校
840m
670m　　　1230m　　700m
770m
家　　　　　　　　　図書館

(1) 家から神社の前を通って学校へ行く道のりと，家から学校までのきょりでは，どちらがどれだけ長いですか。

(式)

答え (　　　　　　　　　　　)

(2) 行きは家から神社の前を通って学校まで歩き，帰りは学校から図書館の前を通って歩きます。全部で何km何m歩くことになりますか。

(式)

答え (　　　　　　)

11 重さ

1 次の( )の中に，あてはまる重さのたんいを書きなさい。

(1) お兄さんの体重 ……………… 45 ( )

(2) バター１箱の重さ ……………… 265 ( )

(3) さとう１ふくろの重さ ………… 1 ( )

(4) トラックにつめる荷物の重さ … 4 ( )

2 重さが530gのかんに，2kg700gのしおを入れました。全体の重さはいくらですか。

(式)

答え ( )

3 とし子さんの体重は28kg400gです。お母さんはとし子さんより28kg重く，妹はとし子さんより5kg200g軽いそうです。

(1) お母さんの体重はどれだけですか。

(式)

答え ( )

(2) 妹の体重はどれだけですか。

(式)

答え ( )

4 さとうを 300 g のびんに入れて，重さをはかると 4 kg 200 g ありました。さとうの重さはどれだけですか。

(式)

答え （　　　　　　　　　）

5 りんごを箱に入れて，重さをはかると 3 kg 300 g ありました。箱の重さは 500 g です。りんごの重さはいくらですか。

(式)

答え （　　　　　　　　　）

6 あき子さんとはる子さんの体重を調べました。

体重調べ

	あき子	はる子
4 月	22 kg 200 g	24 kg 100 g
5 月	23 kg	23 kg 700 g

(1) 4 月には，はる子さんはあき子さんよりいくら重かったですか。

(式)

答え （　　　　　　　　　）

(2) 5 月に体重がへったのはだれで，どれだけへりましたか。

(式)

答え （　　　　，　　　　　）

7 1 本 480 g のようかんがあります。このようかん 7 本の重さは，いくらですか。

(式)

答え （　　　　　　　　　）

11 重さ

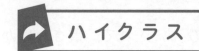

ハイクラス

1 150 g の重さの箱に，1 ふくろ 800 g の小麦こを 3 ふくろ入れました。このとき，全体の重さはどれだけですか。(10点)

(式)

答え (　　　　　　　　)

2 ひろしさんの体重は 29 kg 300 g です。お兄さんの体重はひろしさんより 7 kg 重く，弟の体重はひろしさんより 3 kg 900 g 軽いそうです。(20点/1つ10点)

(1) お兄さんの体重は何 kg 何 g ですか。

(式)

答え (　　　　　　　　)

(2) 弟の体重は何 kg 何 g ですか。

(式)

答え (　　　　　　　　)

3 同じ重さのりんご9こを，かごに入れてはかると，1 kg 330 g ありました。かごの重さは 250 g でした。りんご1この重さは何 g ですか。(10点)

(式)

答え (　　　　　　　　)

4 1日に 360 g の米を食べます。1週間では何 kg 何 g の米を食べることになりますか。(10点)

(式)

答え (　　　　　　　　)

5 はかりで入れ物の重さをはかると，右の図のように
なりました。これに，900gのしおを入れると，何
kg何gになりますか。(10点)

(式)

答え（　　　　　　　　）

6 ノート1さつをはかりにのせると，右の図のよう
になりました。これと同じノート5さつの重さは
何gですか。(10点)

(式)

答え（　　　　　　　　）

7 お茶が入っている水とうの重さをはかったところ1kg20gでした。
お茶をちょうど半分だけ飲んで重さをはかると680gでした。水と
うの重さは何gですか。(10点)

(式)

答え（　　　　　　　　）

8 1こ265gのボールが6こ，箱の中に入っています。箱だけの重さ
は300gです。全部の重さはいくらになりますか。(10点)

(式)

答え（　　　　　　　　）

9 同じ重さのかんづめ8この重さをはかると，ちょうど1kg600gあ
りました。このかんづめ1この中身の重さは160gです。このかん
づめのかん1この重さはどれだけですか。考え方や式も書きなさい。

(10点)

(考え方と式)

答え（　　　　　　　　）

12 小　数

標準クラス

1 水がアとイの入れ物に入っています。

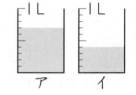

(1) それぞれに入っている水のかさを，小数で表しなさい。

ア（　　　　　　　　　）　イ（　　　　　　　　　）

(2) アとイを合わせると，何 L になりますか。
（式）

答え（　　　　　　　　　）

(3) アとイのちがいは，何 L になりますか。
（式）

答え（　　　　　　　　　）

2 □ の中にあてはまる数を書きなさい。

(1) 3 dL = ［　　　　］ L

(2) 700 mL = ［　　　　］ L

(3) 3200 m = ［　　　　］ km

(4) 150 cm = ［　　　　］ m

(5) 23 mm = ［　　　　］ cm

(6) 2500 g = ［　　　　］ kg

3 □の中にあてはまる不等号(>, <)を書きなさい。

(1) 1.2 t ☐ 1 t 300 kg

(2) 0.2 dL ☐ 200 mL

4 3つの数をたてにたしても，横にたしても，ななめにたしても同じ数になるように，あいているところに数を入れなさい。

	0.1	
	0.5	0.3
0.2	0.9	

5 ⑦, ④, ⑰の3まいの板のあつさをはかると，下のようになりました。

⑦ 2.5 cm   ④ 0.7 cm   ⑰ 18 mm

(1) 3まいを重ねると，あつさは何cmになりますか。

(式)

答え (   )

(2) いちばんあつい板といちばんうすい板のあつさのちがいは何cmですか。

(式)

答え (   )

6 さとうを2kg買ってきて，0.5kgの重さのかんに入れておきました。今日，かんに入れたまま重さをはかると0.9kgでした。今日までにさとうを何kg使いましたか。

(式)

答え (   )

12 小 数　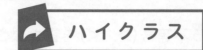 ハイクラス

1 ◻ の中にあてはまる数を書きなさい。(20点/1つ5点)

(1) 8500 g = ◻ kg

(2) 2800 kg = ◻ t

(3) 15 dL = ◻ L

(4) 1800 mL = ◻ L

2 まさ子さんは，入れ物に入る水のかさをはかって，右の表に書きました。

入れ物	かさ
ペットボトル	2 L
1しょうびん	1.8 L
やかん	2.5 L
水とう	0.8 L
コップ	2 dL

(1) 何と何を合わせると，ペットボトルに入るかさと同じになりますか。(5点)

(式)

答え（　　　　　　　　　）

(2) ペットボトルいっぱいと1しょうびんいっぱいの水を，4 L 入るびんに全部うつしました。びんにあと，何 L 入りますか。(5点)

(式)

答え（　　　　　　　　　）

(3) やかんいっぱいの水を水とういっぱいにうつすと，何 L のこりますか。(10点)

(式)

答え（　　　　　　　　　）

(4) 5つの入れ物に水をいっぱいに入れ，5つ全部を10 L の入れ物にうつすと，水のかさは何 L になりますか。(10点)

(式)

答え（　　　　　　　　　）

3 しょうゆが 1.8 L ありました。きのう 5 dL，今日 0.7 L 使いました。しょうゆは何 L のこっていますか。(10点)

(式)

答え（　　　　　　　　　　）

4 3.5 cm と 9 mm と 18 mm のあつさの本を重ねると，あつさは何 cm になりますか。(10点)

(式)

答え（　　　　　　　　　　）

5 4つの数をたてにたしても，横にたしても，ななめにたしても同じ数になるように，あいているところに数を入れなさい。

(10点/1つ2点)

0.2	3		1.6
	0.8	1	2.2
1.4	1.8		0.4
2.4			2.6

6 本箱の横はばは 86.4 cm あります。3 cm のあつさの本を 20 さつ入れました。すき間は何 cm になりますか。(10点)

(式)

答え（　　　　　　　　　　）

7 たてが 12.3 cm，横が 3.8 cm の長さの長方形と，1辺の長さが 9 cm の正方形があります。長方形と正方形のまわりの長さは，どちらが何 cm 長いですか。(10点)

(式)

答え（　　　　　　　　　　）

13 分 数

標準クラス

1 ☐の中にあてはまる分数を書きなさい。

(1)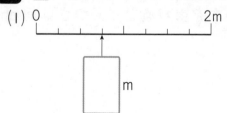

(2)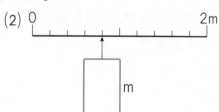

(3)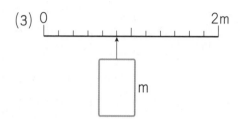

(4)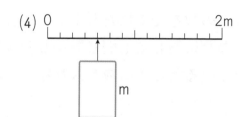

2 次のいちばん大きい正方形や長方形は 1 を表しています。色のついた部分を分数で表しなさい。

(1)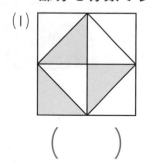

(　　　)

(2)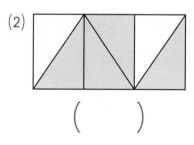

(　　　)

3 1 L の入れ物があります。これにコップで水を入れると、ちょうど8ぱいでいっぱいになります。このコップ1ぱいの水は何 L ありますか。

(　　　　　)

4 薬が１dL あります。１回に $\frac{1}{5}$ dL ずつ飲みます。２回飲みました。

(1) 合わせて何 dL 飲みましたか。
(式)

答え（　　　　　　　　　）

(2) あと，何 dL のこっていますか。
(式)

答え（　　　　　　　　　）

5 しょうゆが $\frac{2}{5}$ L 入っているびんが２本あります。このしょうゆを１本に合わせると，何 L になりますか。
(式)

答え（　　　　　　　　　）

6 $\frac{3}{5}$ L あった牛にゅうのうち，$\frac{2}{5}$ L 飲みました。何 L のこっていますか。
(式)

答え（　　　　　　　　　）

7 右の図のように，水が入っています。この入れ物に $\frac{1}{10}$ L 入るコップで水を６ぱい入れました。

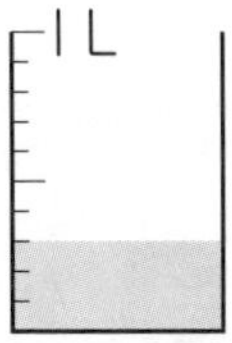

(1) 水は全部で何 L になっていますか。
(式)

答え（　　　　　　　　　）

(2) あと何ばい入れると１ L になりますか。
(式)

答え（　　　　　　　　　）

13 分 数

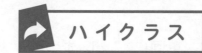

1 ジュースが $\frac{4}{5}$ L あります。よし子さんがいくらか飲んだので，のこりは $\frac{3}{5}$ L になりました。よし子さんは何 L 飲みましたか。(10点)

(式)

答え（ 　　　　　　　 ）

2 右の図のように，ジュースが2つの入れ物に入っています。(20点/1つ10点)

(1) 合わせると何 L になりますか。

(式)

答え（ 　　　　　　　 ）

(2) (1)で合わせたジュースを，今日 $\frac{1}{7}$ L 飲みました。のこりは何 L になりましたか。

(式)

答え（ 　　　　　　　 ）

3 なつ子さんは $\frac{4}{9}$ m，ふゆ子さんは $\frac{6}{9}$ m のテープを持っていましたが，なつ子さんは $\frac{1}{9}$ m，ふゆ子さんは $\frac{5}{9}$ m 使いました。のこりのテープは，どちらがどれだけ長いですか。(10点)

(式)

答え（ 　　　　　　　 ）

4 下の図のようなリボンがあります。

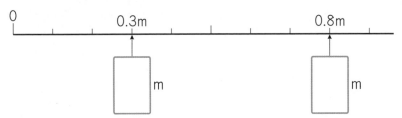

(1) それぞれのリボンの長さは何 m ありますか。(15点/1つ5点)

青 (　　　)　　白 (　　　)　　黒 (　　　)

(2) 黒のリボンと白のリボンの長さのちがいは何 m ですか。(10点)
(式)

答え (　　　　　　)

5 □にあてはまる分数を書きなさい。(10点/1つ5点)

```
0          0.3m            0.8m
|----------↑---------------↑--------|
        [  ]m            [  ]m
```

6 さとうを，きのう $\frac{2}{10}$ kg 使いましたが，まだ，0.7 kg のこっています。さとうは，はじめ何 kg ありましたか。分数で答えなさい。(12点)
(式)

答え (　　　　　　)

7 工作をするのに 1 m のはり金を買ってきました。はじめに 0.3 m，次に $\frac{4}{10}$ m 使いました。のこりは 10 分の何 m ですか。(13点)
(式)

答え (　　　　　　)

チャレンジテスト⑤

答え▶べっさつ16ページ

時　間	25分	とく点
合かく	80点	点

1 午前9時30分から，午後2時までの時間はどれだけですか。(10点)

（　　　　　　　　　）

2 2時間目は午前10時10分に終わりました。じゅ業時間は45分で，1時間目と2時間目の間の休けい時間は10分です。1時間目が始まった時こくは，いつですか。(10点)

（　　　　　　　　　）

3 油が5Lありました。きのう1.3L，今日1.5L使いました。油は何Lのこっていますか。(10点)

（式）

答え（　　　　　　　　　）

4 図は，たくやさんの家から学校までの道のりを表したものです。(20点/1つ10点)

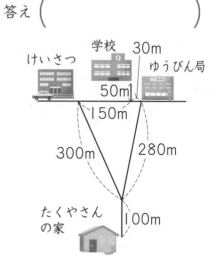

(1) 学校へ行くのに，けいさつの前を通ると，道のりはどれだけですか。

（式）

答え（　　　　　　　　　）

(2) 学校へ行くのに，ゆうびん局の前を通ると，道のりはどれだけですか。

（式）

答え（　　　　　　　　　）

5 今月のさち子さんのはんの体重は，下の表のとおりでした。

(20点/1つ10点)

さち子	ゆ り	たかし	としお
23 kg 600 g	22 kg	28 kg	21 kg 800 g

(1) さち子さんととしおさんの体重を合わせると，どれだけですか。
(式)

答え （　　　　　　　　　　）

(2) いちばん重い人と，いちばん軽い人のちがいはいくらですか。
(式)

答え （　　　　　　　　　　）

6 たて 6.5 cm，横 9.5 cm の長方形があります。この長方形とまわりの長さが同じになるような正方形をかきます。正方形の1辺の長さは何 cm になりますか。(10点)
(式)

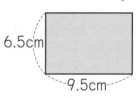

答え （　　　　　　　　　　）

7 あおいさんは，プールで1km泳ぐ目ひょうを立てました。3日前に $\frac{3}{12}$ km 泳ぎ，2日前は $\frac{2}{12}$ km 泳ぎました。今日は $\frac{4}{12}$ km，明日は $\frac{2}{12}$ km 泳ぐ予定です。予定どおりに泳ぐと，目ひょうまであと何 km 泳げばよいですか。

(20点)

(式)

答え （　　　　　　　　　　）

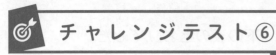

① 図工の時間にねん土を 1 人 245 g ずつ使うので，クラスの 26 人分用
意します。全部で何 kg 何 g 用意すればよいですか。(10点)
(式)

答え （　　　　　　　　　　）

② 5 km のハイキングコースがあります。1.4 km 歩いて，10 分間休け
いし，また 2.7 km 歩きました。のこりは何 km ですか。(10点)
(式)

答え （　　　　　　　　　　）

③ 3.5 L のお茶を 1.8 L の水とうと 0.9 L の水とういっぱいに入れま
した。お茶は何 L のこっていますか。(10点)
(式)

答え （　　　　　　　　　　）

④ かえでさんは，家から $\dfrac{3}{11}$ 時間歩いて，公園まで行きました。公園

からバスに $\dfrac{2}{11}$ 時間乗って，博物館へ着きました。博物館には，$\dfrac{5}{11}$

時間いました。かえでさんが，家を出てから博物館を出るまで，何時
間かかりましたか。(10点)
(式)

答え （　　　　　　　　　　）

5 中身の重さが 170 g で，かんの重さが 50 g のジュースがあります。

(20点/1つ10点)

(1) ジュース 2 ダースの重さはどれだけですか。
（式）

答え （　　　　　　　　　）

(2) 右の図のように，ジュースが箱に 2 だん入っています。この箱全体の重さはどれだけですか。箱の重さは 900 g です。
（式）

答え （　　　　　　　　　）

6 きのう $\frac{2}{8}$ L，今日 $\frac{3}{8}$ L のジュースを飲みましたが，まだ $\frac{1}{8}$ L のこっています。ジュースは，はじめ何 L ありましたか。(10点)
（式）

答え （　　　　　　　　　）

7 1 L のしょう油があります。きのうと今日で $\frac{2}{5}$ L ずつ使いました。しょう油は何 L のこっていますか。(15点)
（式）

答え （　　　　　　　　　）

8 いくやさんは，学校から家に帰って，宿題を国語は 25 分，算数は 26 分しました。宿題をした時間は，全部で何時間ですか。分数で答えなさい。(15点)
（式）

答え （　　　　　　　　　）

14 ぼうグラフと表

標準クラス

1 3年2組の人のすきなくだものを調べて，右のようなぼうグラフをつくりました。

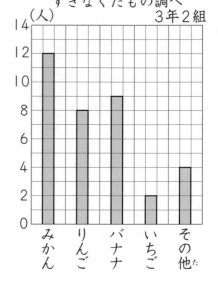

すきなくだもの調べ
3年2組

(1) 1目もりは，何人を表していますか。

( )

(2) すきな人がいちばん多いくだものは何で，何人ですか。

(,)

(3) バナナがすきな人は何人ですか。

( )

(4) みかんがすきな人といちごがすきな人のちがいは，何人ですか。

( )

(5) りんごがすきな人は，いちごがすきな人の何倍ですか。

( )

(6) 3年2組はみんなで何人ですか。

( )

2 グラフを見て，下の問いに答えなさい。

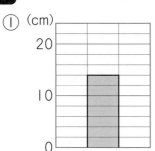 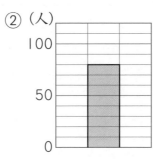 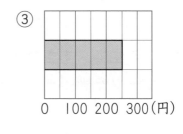

(1) 1目もりはいくらですか。

① (　　　　　　) ② (　　　　　　) ③ (　　　　　　)

(2) それぞれのぼうグラフは，どれだけを表していますか。

① (　　　　　　) ② (　　　　　　) ③ (　　　　　　)

3 5月に，図書室でかりた本の数を，はんごとに調べました。これをぼうグラフに表します。

かし出した本の数

は　ん	1ぱん	2はん	3ぱん	4はん
数(さつ)	22	10	14	18

(1) 表題は何ですか。

(　　　　　　　　　)

(2) たんいは何ですか。

(　　　　　　　　　)

(3) 数の多いじゅんに，右のぼうグラフに表しなさい。

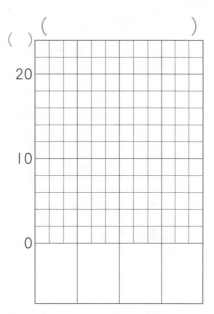

14 ぼうグラフと表

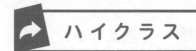 ハイクラス

時間 25分　合かく 80点　とく点　点

1 3年生で、すきなスポーツを調べました。

(1) 表の㋐～㋔に入る数字を書きなさい。(20点/1つ5点)

	1組	2組	3組	合計
サッカー	㋐	18	16	49
野球	7	6	㋑	24
ドッジボール	6	8	5	㋒
その他	2	3	1	6
合計	30	㋓	33	98

(2) 2組でドッジボールがすきな人は何人ですか。(5点)　(　　　　　)

(3) 3組でサッカーがすきな人と野球がすきな人では、どちらが多いですか。(5点)　(　　　　　)

(4) 3年生全体で、野球がすきな人とドッジボールがすきな人では、どちらが多いですか。(5点)　(　　　　　)

2 まさおさんのクラスで、すきな食べ物を調べました。(20点/1つ10点)

しゅるい	正の字	人数(人)
カレー	正正下	
ハンバーグ	正下	
おすし	正一	
オムライス	正	
その他	下	

(1) 正の字を数字になおして、上の表に書きなさい。

(2) 表をグラフに表しなさい。

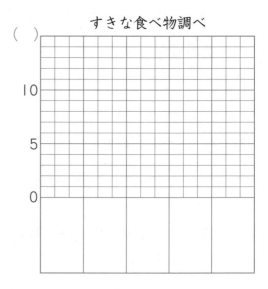

すきな食べ物調べ

(　)

3 3年生で1週間に休んだ人の人数を調べました。(25点/1つ5点)

休んだ人調べ

	月	火	水	木	金	合計
1組	1	1	2	0	2	
2組	0	0	1	0	1	
3組	3	1	2	0	2	
4組	1	2	0	0	1	
合計						

(1) 月曜日に休んだ人は，全部で何人ですか。

(　　　　　　　)

(2) 火曜日に3組で休んだ人は，何人ですか。

(　　　　　　　)

(3) 4組で1週間に休んだ人の合計は，何人ですか。

(　　　　　　　)

(4) 1週間で，どの組にも休みがなかったのは何曜日ですか。

(　　　　　　　)

(5) 1週間で，休んだ人の合計は，何人ですか。

(　　　　　　　)

4 西市と東市の4月から9月までの雨がふった日数を調べて，右のようなぼうグラフに表しました。

(20点/1つ10点)

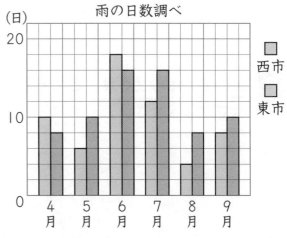

雨の日数調べ

(1) 雨がいちばん多かったのは，どちらの市で何月で何日ですか。

(　　　　　　　)

(2) 西市と東市の7月の雨の日数は，それぞれ8月の雨の日数の何倍ですか。

西市 (　　　　　) 東市 (　　　　　)

15 円と球

1 下の●を円の中心として，コンパスを使って，半径が 3.5 cm の円をかきなさい。

•

2 次のアとイの長さは，どちらが長いですか。コンパスで長さを写しとってくらべなさい。

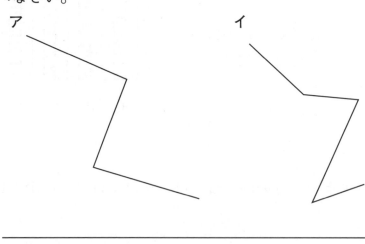

(   )

3 直径 10 cm の球をちょうど半分に切ったときの切り口は，下のア〜エのうちどれになりますか。1つえらんで，記号で答えなさい。

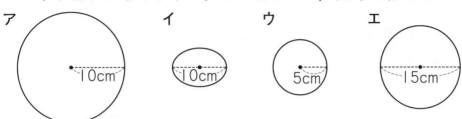

ア　　　　　　イ　　　　ウ　　　　　エ

10cm　　　10cm　　　5cm　　　15cm

（　　　　　　　　　　　　）

4 1辺が 14 cm の正方形の中に，ぴったり円が入っています。この円の半径は何 cm ですか。
（式）

14cm

答え（　　　　　　　　　　）

5 右のようなつつの中に，直径 9 cm のボールが1こ入っています。同じ大きさのボールがあと何こ入りますか。
（式）

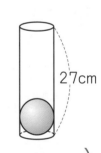

27cm

答え（　　　　　　　　　　）

6 右のように，長方形の中に同じ大きさの3つの円がぴったり入っています。長方形のまわりの長さは何 cm ですか。
（式）

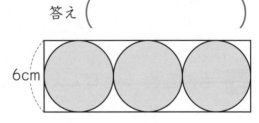

6cm

答え（　　　　　　　　　　）

15 円と球 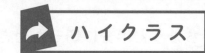 ハイクラス

1 方がんに次のもようをかきなさい。(20点/1つ10点)

(1)
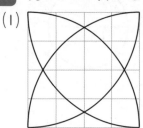
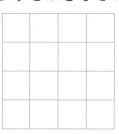

(2)
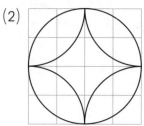
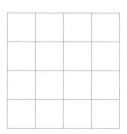

2 右の図のように，ボールがぴったり箱に入っています。⑦の長さは何cmですか。(10点)

(式)

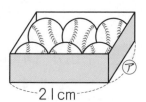

答え（　　　　　　　　　）

3 右の図で，大きい半円の中にある小さい円の半径はどれも6cmです。アの長さをもとめなさい。(10点)

(式)

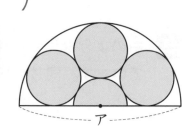

答え（　　　　　　　　　）

4 右の図で，いちばん大きい円の直径をもとめなさい。(10点)

(式)

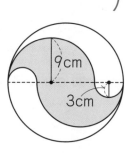

答え（　　　　　　　　　）

5 右の図のように，半径5cmの円を円の中心で重ねていきます。10こ円をかいたとき，円の中心を通るアイの長さは何cmになりますか。

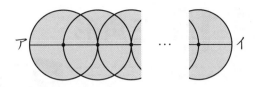

(15点)

（式）

答え（　　　　　　　　）

6 右の図のように，同じ大きさの円を9こかきました。外がわの円の中心をつなぐと，四角形ができました。(20点/1つ10点)

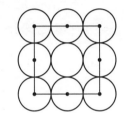

(1) 四角形のまわりの長さは32cmです。円の直径は何cmですか。

（式）

答え（　　　　　　　　）

(2) 右上の図に円を7こつけたしました。(1)と同じようにして，外がわの円の中心をつないでかいた四角形のまわりの長さをもとめなさい。

（式）

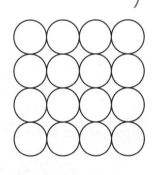

答え（　　　　　　　　）

7 右の図のようなつつに，直径4cmのボールを入れます。ボールは下から赤，黄，青のじゅんに1こずつ入れていきます。つつがボールでいっぱいになったとき，さいごのボールの色は何色ですか。(15点)

（式）

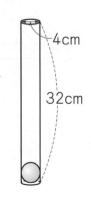

答え（　　　　　　　　）

16 三角形

標準クラス

1 下の辺アイを1つの辺として，コンパスを使って，次の三角形をかきなさい。

(1) 辺の長さが5cm，6cm，6cmの二等辺三角形

(2) 辺の長さが6cmの正三角形

ア———5cm———イ   ア———6cm———イ

2 下の三角形で同じ大きさの角はどれですか。

(1)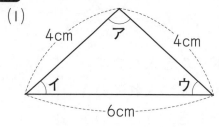

(2)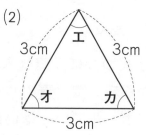

(　　　)   (　　　)

3 長さ 21 cm のひごがあります。このひごを切って，正三角形をつくります。いちばん大きい形をつくるには，何 cm ずつに切るとよいですか。

(式)

答え（　　　　　　　　）

4 右の図のように，正三角形をならべたもようがあります。正三角形の１辺の長さは 15 cm です。このもようのまわりの長さは何 cm ですか。

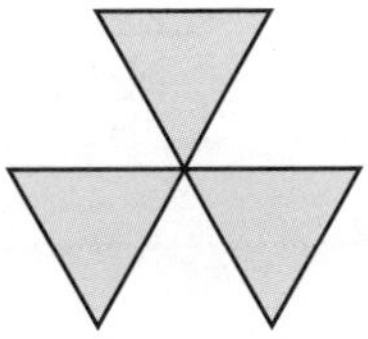

(式)

答え（　　　　　　　　）

5 右の図のように，半径 4 cm の円を３つならべてかきました。この３つの円の中心をつないでできる三角形はどんな三角形ですか。そのわけも答えなさい。

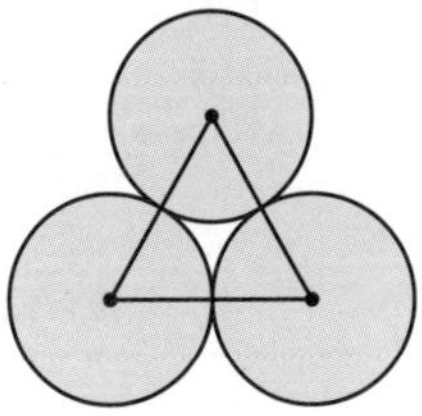

答え（　　　　　　　）

わけ（　　　　　　　　　　　　　　　　　）

6 円の中心と円のまわりにある点を使って，右の図のような三角形をかきました。どんな三角形ができましたか。アは円の中心です。辺アエと辺エオの長さは同じです。

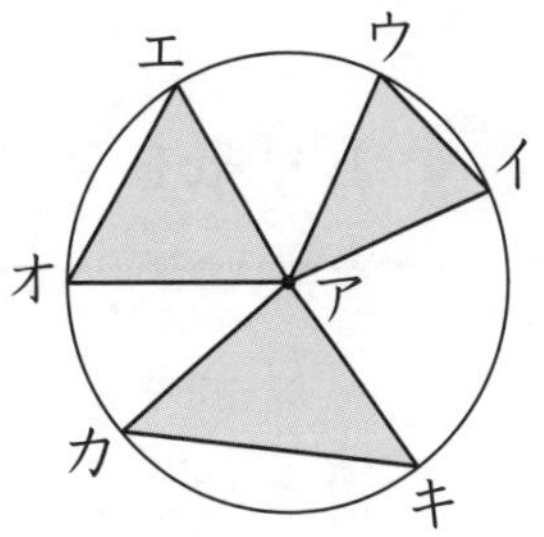

(1) 三角形アイウ　　　　（　　　　　　　　）

(2) 三角形アエオ　　　　（　　　　　　　　）

(3) 三角形アカキ　　　　（　　　　　　　　）

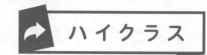

1 長さ 50 cm のひごがあります。これを切って二等辺三角形（にとうへんさんかくけい）をつくります。1つの辺として 20 cm を切りました。のこりを何 cm と何 cm に切ればよいですか。2通り答えなさい。(20点/1つ10点)

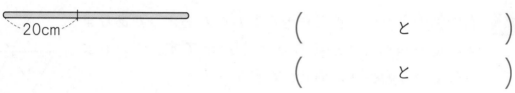

（　　　と　　　）

（　　　と　　　）

2 三角形アイエは正三角形，三角形アウエは二等辺三角形です。(20点/1つ10点)

(1) アエの長さとアイエの長さのちがいは何 cm ですか。
(式)

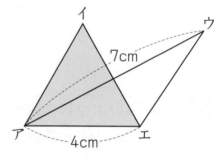

答え（　　　　　　　）

(2) アイエの長さとアウエの長さでは，どちらがどれだけ長いですか。
(式)

答え（　　　　　　　）

3 おり紙を2つにおって切ったものを開いて，いろいろな三角形をつくります。できる三角形の名前を書きなさい。(15点/1つ5点)

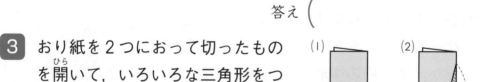
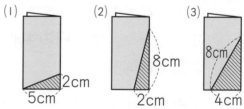

(1) （　　　　　　　　　）

(2) （　　　　　　　　　）　(3) （　　　　　　　　　）

4 下の図のように，三角じょうぎを2まいならべてできた，(1)，(2)，(3)の3つの三角形の名前を書きなさい。(15点/1つ5点)

(1) 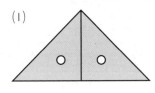　(2) 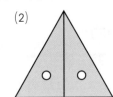　(3)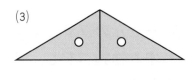

(1) (　　　　　　　　　　　) (2) (　　　　　　　　　　　　)

(3) (　　　　　　　　　　)

5 右の図で，ア，イ，ウをつないだ形は正三角形で，1つの辺の長さは8cmです。また，ア，ウ，エをつないだ形は二等辺三角形です。(20点/1つ10点)

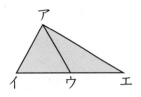

(1) アからイまでの長さは何cmですか。

(　　　　　　　　　　)

(2) ウからエまでの長さは何cmですか。

(　　　　　　　　　　)

6 右の図で，アは円の中心です。アとイ，アとウを直線でつないでできる，三角形の名前を書きなさい。そのわけも答えなさい。(10点)

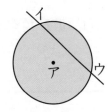

答え (　　　　　　　　　　)

わけ (

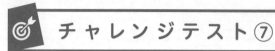

チャレンジテスト⑦

1 けい子さんのクラスで，1週間
のわすれ物調べをし，その人数
をまとめました。（20点/1つ5点）

わすれ物調べ

	月	火	水	木	金	合計
教科書	2	2	0	1	3	
ノート	3	1	1	2	2	
消しゴム	1	2	0	3	1	
えん筆	2	1	1	0	2	
合 計						

(1) 月曜日にわすれ物をした人は何
人ですか。

（　　　　　　　　）

(2) 1週間で，ノートをわすれた人
の合計は何人ですか。

（　　　　　　　　）

(3) 1週間で，どのわすれ物がいちばん多かったですか。

（　　　　　　　　）

(4) 1週間で，わすれ物をした人の合計は何人ですか。

（　　　　　　　　）

2 ①は正三角形，②は二等辺三角形です。正
三角形のまわりの長さは27cmです。

（20点/1つ10点）

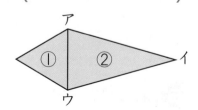

(1) 正三角形の1辺の長さは何cmですか。
（式）

答え（　　　　　　　　）

(2) 二等辺三角形の辺アイの長さは，正三角形の1辺の長さより8cm長
くなっています。辺イウの長さは何cmですか。
（式）

答え（　　　　　　　　）

3 右のグラフは，みゆさんが1週間に読書をした時間を表したものです。(50点/1つ10点)

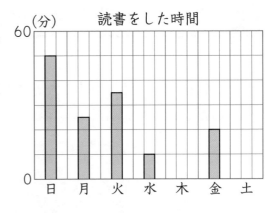

読書をした時間

(1) このグラフの1目もりは，いくらですか。

（　　　　　　　）

(2) 木曜日は金曜日の2倍読みました。木曜日のグラフをかきこみなさい。

(3) 土曜日は水曜日の4倍読みました。土曜日のグラフをかきこみなさい。

(4) 30分より多く読んだ曜日をすべて答えなさい。

（　　　　　　　　　　　　）

(5) みゆさんが1週間で読書をした時間は何時間何分ですか。

（　　　　　　　）

4 右の図のように，長方形の中に，大きい円が1こと，同じ大きさの小さい円が3こ入っています。アの長さが40cmのとき，大きい円の半径は何cmですか。(10点)

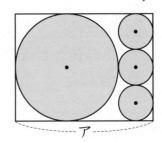

（　　　　　　　）

チャレンジテスト⑧

1 次の図のように，同じ大きさのボールをすき間なく，ケースにつめました。(60点/1つ20点)

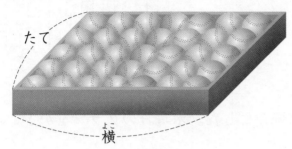

たて 横

(1) このケースに入っているボールの数は，何こですか。
(式)

答え (　　　　　　　　　　)

(2) ケースに入っているボールの直径が6cmのとき，このケースのたての長さをもとめなさい。
(式)

答え (　　　　　　　　　　)

(3) ケースに入っているボールの半径が2.5cmのとき，このケースのたての長さと横の長さをもとめなさい。
(式)

答え　たて (　　　　　　) 横 (　　　　　　)

② 右の図の点アは直径8cmの円の中心です。
イとウをむすんだ線の長さが4cmのとき，
アイウをつないだ形はどんな図形ですか。

(10点)

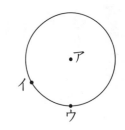

（　　　　　　　　　　　）

③ 右の図で，大きい円の半径は18cmです。小さい
円の中心をむすんでできる図形の，まわりの長さを
もとめなさい。(10点)
（式）

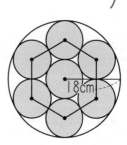

答え（　　　　　　　　）

④ 右の図のように正三角形をしきつめました。この
図の中には，いろいろな大きさの正三角形があり
ます。全部で何こありますか。(10点)

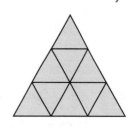

（　　　　　　　　　　　）

✎⑤ 右の図の四角形アイウエは正方形で，三角形イウ
オは正三角形です。このとき，三角形アイオは二
等辺三角形になります。そのわけをせつ明しなさ
い。(10点)

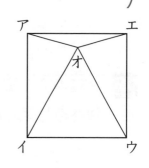

（

17 いろいろな問題 ①

標準クラス

1 118円のノート3さつと715円の色えん筆セットを買いました。代金は全部で何円になりますか。

( )

2 何本かのバラの花を，7人に4本ずつ配ったら6本あまりました。バラの花は何本ありましたか。

( )

3 25人ずつのクラスが6組あります。これを5つの組に分けると，1組何人ずつになりますか。

( )

4 2箱のえん筆を8人に分けると，1人3本ずつになりました。1箱に何本ありましたか。

( )

5 たくやさんの体重は 27 kg 200 g です。れんさんの体重はたくやさんよりちょうど 4 kg 重く，みなとさんの体重はれんさんより 1 kg 800 g 軽いそうです。

(1) れんさんの体重は何 kg 何 g ですか。

(　　　　　　　)

(2) みなとさんの体重は何 kg 何 g ですか。

(　　　　　　　)

6 あきさんは，毎日 800 m 走るようにしています。3 週間走ると，何 km 何 m 走ることになりますか。

(　　　　　　　)

7 右の図は，1 辺 3 cm の正三角形を 3 つ合わせてつくった形です。この形のまわりの長さは何 cm になりますか。

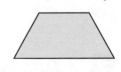

(　　　　　　　)

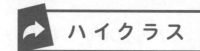

1 和がし屋で, きなこもちといちご大福を売っています。

(20点/1つ10点)

きなこもち 198円   いちご大福 264円

(1) きなこもちといちご大福をそれぞれ2こずつ買い, お金を出したら, 26円のおつりでした。いくら出しましたか。

(   )

(2) きなこもちを3こと, いちご大福を4こ買い, 2000円出しました。おつりはいくらですか。

(   )

2 12人ですると4日かかる仕事があります。この仕事を8人ですると, 終わるのに何日かかりますか。(10点)

(   )

3 右の図のように, 同じ大きさの12このボールが箱にすき間なくぴったり入っています。アの長さは何cmになりますか。(10点)

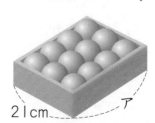

21cm   ア

(   )

4 1mのテープがあります。1回目にいくらか使い，2回目に0.6m使いました。のこりが$\frac{1}{10}$mだったとき，1回目に使ったのは何mですか。分数で答えなさい。(15点)

（　　　　　　　）

5 やかんには水とう4はい分の水が入り，水とう1ぱいの水をコップにうつすと5はいでなくなります。コップには水が160mL入ります。やかんには何Lの水が入りますか。(15点)

（　　　　　　　）

6 22人の子どもが1列にならんでいます。ゆいさんは前から4番目，みおさんはゆいさんよりうしろにいて，2人の間には6人の人がいます。はなさんはゆいさんよりうしろにいて2人の間には11人の人がいます。(30点/1つ15点)

(1) はなさんはうしろから何番目ですか。

（　　　　　　　）

(2) みおさんとはなさんの間には何人いますか。

（　　　　　　　）

18 いろいろな問題 ②

標準クラス

1 45 m の道路のはしからはしまで，5 m おきに木を植えました。

5m

(1) 植えられた木と木の間は，いくつありますか。

(　　　　　　)

(2) 植えられた木は，何本ですか。

(　　　　　　)

2 1しゅう180 m の運動場のトラックに，9 m おきに人が立っています。何人の人が立っていますか。

(　　　　　　)

3 2本の電柱が150 m はなれて立っています。この間に5 m おきに木を植えていくと，植えられた木は何本になりますか。

(　　　　　　)

4 ○, △, □, ×が次のようにじゅんにならんでいます。左はしから22番目にならぶのはどの記号ですか。

○, △, □, ×, ○, △, □, ×, ○, △, □, ×, ……

(   )

5 白石○と黒石●をあるきまりにしたがって、次のようにならべていきます。

○●●●●○●●●●○●●●●○●●●●○●●●●○●●●……

(1) 左はしから41番目にならぶのは白石と黒石のどちらですか。

(   )

(2) 左はしから35番目までに白石は何こありますか。

(   )

6 白石○と黒石●をあるきまりにしたがって、次のようにならべていきます。

●○○○●●○○●○○●●○●○○●●○●○○●●○……

(1) 左はしから48番目にならぶのは白石と黒石のどちらですか。

(   )

(2) 左はしから55番目までに黒石は何こありますか。

(   )

18 いろいろな問題 ②

ハイクラス

1 240 m の道路のはしからはしまで，7本の木を植えます。何 m おきに木を植えればよいですか。(10点)

(   )

2 1階から5階まで20秒で上がるエレベーターがあります。このエレベーターが6階から18階まで上がるのにかかる時間は何秒ですか。

(10点)

(   )

3 たて 36 m，横 54 m の長方形の形をした土地があります。この土地のまわりをかこうために，6 m おきにくいを立てて，ロープをはっていきます。ただし，長方形の四すみにはくいを立てることとします。

(30点/1つ15点)

(1) くいは何本いりますか。

(   )

(2) ロープをはるときに，1本のくいにつき 1 m のロープをまきつけて，しっかりこ定していくことにします。ロープは全部で何 m ひつようですか。

(   )

4 次のように，あるきまりにしたがって数がならんでいます。

(20点/1つ10点)

　　1，4，2，8，5，7，1，4，2，8，5，7，1，……

(1) 左はしから数えて40番目の数は何ですか。

（　　　　　）

(2) 左はしから40番目までの数をたすと，いくつになりますか。

（　　　　　）

5 次のように，あるきまりにしたがって数がならんでいます。

(30点/1つ15点)

　　1，2，2，3，3，3，4，4，4，4，5，5，……

(1) 左はしから数えて30番目の数は何ですか。

（　　　　　）

(2) 左はしから30番目までの数をたすと，いくつになりますか。

（　　　　　）

19 いろいろな問題 ③

標準クラス

1 大, 小2つの数があります。大きい数から小さい数をひくと17で, 2つの数をたすと63になります。大きいほうの数はいくつですか。

(   )

2 ある小学校の3年生はみんなで130人います。そのうち, 男子の人数は女子の人数より10人多いです。女子は何人いますか。

(   )

3 3つの数ア, イ, ウがあります。イはウより3大きく, アはイより6大きい数です。3つの数の合計は51です。アはいくつですか。

(   )

4 大, 小2つの数があります。2つの数をたすと30です。また, 大きいほうの数は, 小さいほうの数の2倍です。小さいほうの数はいくつですか。

(   )

5 みかんが 56 こあります。ひろとさんがみさきさんの 6 倍になるように，2 人でみかんを分けました。ひろとさんのみかんは何こですか。

（　　　　　　　）

6 長さが 120 cm のリボンを姉と妹の 2 人で分けます。姉のリボンの長さは，妹のリボンの長さの 3 倍になるようにします。姉と妹のリボンの長さはそれぞれ何 cm になりますか。

姉（　　　　　　　）　妹（　　　　　　　）

7 あめを 3 ことガムを 5 こ買うと 78 円で，あめを 3 ことガムを 1 こ買うと 42 円です。あめ 1 このねだんとガム 1 このねだんはそれぞれ何円ですか。

あめ（　　　　　　　）　ガム（　　　　　　　）

8 えん筆 1 本と消しゴム 1 こを買うと 110 円で，えん筆 5 本と消しゴム 2 こを買うと 400 円です。えん筆 1 本のねだんと消しゴム 1 このねだんはそれぞれ何円ですか。

えん筆（　　　　　　　）　消しゴム（　　　　　　　）

19 いろいろな問題 ③

→ **ハイクラス**

1 しょうさん，ひろきさん，ゆうとさんの3人がゲームをしました。しょうさんの点数は，ひろきさんの点数より25点ひくく，ゆうとさんの点数はひろきさんの点数より18点高く，3人の合計点は218点でした。しょうさんの点数は何点でしたか。(10点)

(　　　　　　　　)

2 1から10までの10この数のうち，9この数をたしたものから，のこりの1この数をひくと，47になりました。ひいた数を答えなさい。

(15点)

(　　　　　　　　)

3 横の長さが，たての長さの3倍の長方形があります。この長方形のまわりの長さは72cmです。この長方形のたてと横の長さをそれぞれもとめなさい。(10点)

たて(　　　　　　　) 横(　　　　　　　)

4 ひろみさんのお母さんの年れいは，ひろみさんの年れいの4倍より3才わかく，ひろみさんとお母さんの年れいの合計は37才になります。ひろみさんのお母さんは何才ですか。(10点)

(　　　　　　　　)

5 えん筆が 53 本あります。ひとみさんの分をゆうじさんの分の 7 倍より 5 本多くなるように，2 人で分けます。2 人のえん筆の数はそれぞれ何本になりますか。(15点)

ひとみさん（　　　　　　　）　ゆうじさん（　　　　　　　）

6 さくらさんの妹は，さくらさんより 4 才年下です。さくらさんの年れいが，妹の年れいの 2 倍より 1 才少ないとき，さくらさんと妹の年れいは，それぞれ何才ですか。(15点)

さくらさん（　　　　　　　）　妹（　　　　　　　）

7 みかん 5 ことなし 4 こを買うと 1050 円で，みかん 4 ことなし 8 こを買うと 1560 円です。みかん 1 このねだんとなし 1 このねだんはそれぞれ何円ですか。(10点)

みかん（　　　　　　　）　なし（　　　　　　　）

8 えん筆 2 本とノート 3 さつを買うと 420 円で，えん筆 3 本とノート 2 さつを買うと 380 円です。えん筆 1 本のねだんとノート 1 さつのねだんはそれぞれ何円ですか。(15点)

えん筆（　　　　　　　）　ノート（　　　　　　　）

チャレンジテスト⑨

答え▶べっさつ25ページ

時　間	30分	とく点
合かく	80点	点

1 さとうがかんに 1.8 kg 入っています。お母さんが 900 g 使い，妹が 0.6 kg 使いました。お父さんがさとうを買ってきてかんに入れたので，2.3 kg になりました。お父さんが買ってきたさとうは何 kg ですか。(10点)

(　　　　　　　)

2 長さ 7 cm の紙があります。この紙を何まいかつないで，テープを作ります。紙をつなぐときののりしろを 1 cm とします。紙を 20 まいつないだとき，テープの長さは何 cm になりますか。(10点)

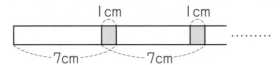

(　　　　　　　)

3 次のように，あるきまりにしたがって数がならんでいます。

　2, 4, 6, 5, 2, 1, 2, 4, 6, 5, 2, 1, 2, 4, 6, 5, ……

はじめから 50 番目までの数をたしていくと，いくつになりますか。

(10点)

(　　　　　　　)

4 3つの数ア，イ，ウがあります。イはウより 7 大きく，アはイより 20 大きい数です。3つの数の合計は 133 です。ウはいくつですか。

(10点)

(　　　　　　　)

5 3つの数ア, イ, ウがあります。アとイをたすと21, イとウをたすと25, アとウをたすと22になります。(30点/1つ15点)

(1) アとイとウをたすといくつになりますか。

(　　　　　　)

(2) ア, イ, ウはそれぞれいくつですか。

ア(　　　　　) イ(　　　　　) ウ(　　　　　)

6 3×3×3×……×3のように, 3を35こかけると, その答えの一の位の数字は何になりますか。(15点)

(　　　　　　)

7 ゆいさんは自分のおこづかいでパンとシュークリームを6こずつ買い, 1800円を使いました。少しおこづかいがのこったので, シュークリームを1こ買おうと思いましたが, 10円たりなかったので, パンを1こ買い, 110円あまりました。シュークリームのねだんはいくらでしたか。(15点)

(　　　　　　)

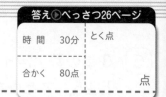

1 3つの数ア，イ，ウがあります。アはイの3倍で，イはウの2倍になります。3つの数の合計は270です。アはいくつですか。(10点)

(   )

2 3年1組では4つのはんに分かれて，おり紙でつるをおります。4つのはんを1ぱん，2はん，3ぱん，4はんとします。それぞれのはんがきのうおったつるの数を調べると，次のことがわかりました。

　① 1ぱんと4はんのつるの合計は，2はんと3ぱんのつるの合計より4羽少ない。

　② 1ぱんと3ぱんのつるの合計は120羽。

　③ もし4はんが2はんにつるを18羽あげると，4はんと2はんのおったつるは同じ数になる。

このとき，次の問いに答えなさい。(30点/1つ10点)

(1) 上の③を使って，4はんは2はんより何羽多くつるをおったか答えなさい。

(   )

(2) 1ぱんと3ぱんのつるの数のちがいは何羽ですか。

(   )

(3) 1ぱんのつるの数は何羽ですか。

(   )

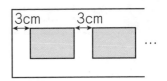

3 横はばが 267 cm のけいじ板に，横はばが同じ
長さの 8 まいのポスターを横一列にはりました。
ポスターどうしの間，ポスターとけいじ板のは
しとの間の長さはすべて 3 cm です。ポスター
1 まいの横はばの長さは何 cm ですか。(15点)

(   )

4 下のように，数がならんでいます。左からじゅんに数えて 30 番目の
数から 50 番目の数までをすべてたすと，いくつになりますか。(15点)
　2, 4, 4, 6, 6, 6, 8, 8, 8, 8, 10, ……

(   )

5 整数を 1 からじゅ
んに，あるきまり
にしたがって，右
の図のようになら
べていきます。

(30点/1つ15点)

〔福岡教育大附中〕

	1列	2列	3列	4列	5列	……
1だん目	1	4	9	16	25	
2だん目	2	3	8	15	24	
3だん目	5	6	7	14	23	
4だん目	10	11	12	13	22	
5だん目	17	18	19	20	21	
⋮						

(1) 7 だん目の 5 列に
あてはまる数をもとめなさい。

(   )

(2) 230 は何だん目の何列にあてはまる数ですか。

(   )

そう仕上げテスト①

1 クッキーが45こありました。このクッキーを1皿に5こずつのせていったら，用意していた皿が3まいのこりました。皿は何まい用意していましたか。(10点)

(式)

答え (　　　　　　　　　)

2 1まい25円の画用紙を1人に6まいずつ，8人分買いました。

(20点/1つ10点)

(1) 1人分は何円ですか。

(式)

答え (　　　　　　　　　)

(2) 全部で何円はらえばよいですか。

(式)

答え (　　　　　　　　　)

3 右の図は，あきらさんの家から小学校までと，公園までの道のりを表しています。(20点/1つ10点)

小学校　　家　　　　　　公園
800m　　1km700m

(1) あきらさんの家から小学校へ行くのと公園へ行くのとでは，どちらが何km遠いですか。

(式)

答え (　　　　　　　　　)

(2) 小学校から公園までは何kmありますか。

(式)

答え (　　　　　　　　　)

4 3年生が工場見学に行きました。午前8時40分にバスに乗って学校を出て，午後2時30分に学校に帰りました。(20点/1つ10点)

(1) 学校を出て25分で工場に着きました。工場に着いた時こくは何時何分ですか。

（　　　　　　　）

(2) 学校を出てから帰ってくるまでの時間はどれだけですか。

（　　　　　　　）

5 えん筆があります。このえん筆を1ダースずつ箱に入れると，5箱できます。このえん筆を10本ずつたばにすると，たばはいくつできますか。(10点)
(式)

答え（　　　　　　　）

6 ジュースを $\frac{3}{7}$ L 飲みましたが，まだ $\frac{4}{7}$ L のこっています。はじめ，ジュースは何 L ありましたか。(10点)
(式)

答え（　　　　　　　）

7 りんごと700gのみかんを200gのかごに入れて重さをはかると，はかりは右の図のようになりました。りんごの重さは何gですか。(10点)
(式)

答え（　　　　　　　）

🏁 そう仕上げテスト②

時 間	25分	とく点
合かく	80点	点

1 650円の本を3さつ買って，2000円出しました。おつりは何円ですか。(10点)

(式)

答え （　　　　　　　　　）

2 38人の子どもが，長いす1きゃくに4人ずつすわります。(10点/1つ5点)

(1) 4人の子どもがかけている長いすは何きゃくありますか。

(式)

答え （　　　　　　　　　）

(2) 長いすは全部で何きゃくいりますか。

(式)

答え （　　　　　　　　　）

3 カードが全部で59まいありました。1人に8まいずつ配ったら，3まいのこりました。カードを何人に配りましたか。□を使った式に表してもとめなさい。(10点)

(式)

答え （　　　　　　　　　）

4 1本125円のジュースを1ダース買いました。何円はらえばよいですか。(10点)

(式)

答え （　　　　　　　　　）

5 1こ75円のチョコレートを3こずつ，8人の子どもにあげます。全部で何円いりますか。(10点)

(式)

答え （　　　　　　　　　）

6 右の図のような長方形と正三角形があり
ます。この2つの図形のまわりの長さは,
どちらが何cm長いですか。(10点)
（式）

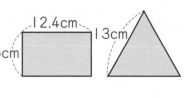

答え （   ）

7 東山町の男の人の人数は5896人で, 女の人の人数は6324人です。
(20点/1つ10点)

(1) どちらが何人多いですか。
（式）

答え （   ）

(2) 東山町の人口は全部で何人ですか。
（式）

答え （   ）

8 右の図のように, 箱にボールがぴったり6こ入っ
ています。ボールの半径は6cmです。この箱の
まわりの長さは何cmですか。(10点)
（式）

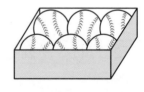

答え （   ）

9 135円のノート6さつと, 45円のえん筆1ダースと, 消しゴム1こ
を買って, 1500円はらいました。消しゴムは何円でしたか。(10点)
（式）

答え （   ）

そう仕上げテスト③

時 間	35分	とく点
合かく	80点	点

1 右のグラフは、ゆり子さんがクラスの友だちのすきなくだものを調べてまとめたものです。(9点/1つ3点)

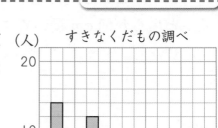
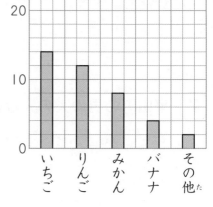

すきなくだもの調べ

(1) グラフの１目もりは何人ですか。

（　　　　　）

(2) いちばん多いくだものは何で、何人ですか。

（　　　　　）

(3) りんごがすきな人は、バナナがすきな人の何倍ですか。
（式）

答え（　　　　　）

2 9768 7000 について、次の問いに答えなさい。

(1) この数を漢数字で書きなさい。(6点)

（　　　　　）

(2) 7は、それぞれ何の位の数字ですか。(6点/1つ3点)

7（　　　　　）　7（　　　　　）

(3) 7を何倍すると7になりますか。(3点)

（　　　　　）

3 12こ入りのあめが4ふくろありました。このあめを同じ数ずつ何人かで分けると、1人分が8こになりました。何人で分けましたか。
（式）
(6点)

答え（　　　　　）

④ さち子さんはのどがいたかったので，薬をもらいました。1回2じょうで，1日3回，4日分です。薬を何じょうもらいましたか。(6点)

(式)

答え（　　　　　　　　　）

⑤ かごに，同じ大きさのたまごを10こ入れて重さをはかったら，750gありました。かごだけの重さは150gです。たまご1この重さは何gですか。(6点)

(式)

答え（　　　　　　　　　）

⑥ まさるさんは，午後6時50分から1時間30分勉強をしました。

(12点/1つ6点)

(1) 勉強が終わった時こくはいつですか。

（　　　　　　　　　）

(2) それから，45分後にねます。ねる時こくはいつですか。

（　　　　　　　　　）

⑦ みち子さんが学校へ行くのに，けんたさんの家によって行くのと，あゆみさんの家によって行くのとでは，どちらの道がどれだけ近いですか。(6点)

(式)

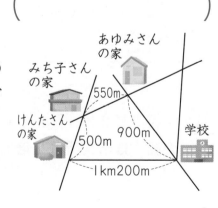

答え（　　　　　　　　　）

8 クッキーが 63 こあります。このクッキーを 1 人に 9 こずつ分けると, もらえない人が 2 人出るそうです。(12点/1つ6点)

(1) みんなで何人いますか。

(式)

答え (　　　　　　　　　)

(2) みんなで同じ数ずつ分けると, 1人何こずつになりますか。

(式)

答え (　　　　　　　　　)

9 1 こ 75 g のたまご 2 ダースを箱に入れます。(12点/1つ6点)

(1) たまごの重さは全部で何 kg 何 g ありますか。

(式)

答え (　　　　　　　　　)

(2) たまごを箱に入れて, 全部の重さを 2 kg にするには, 箱の重さは何 g にすればよいですか。

(式)

答え (　　　　　　　　　)

10 1 箱 598 円の絵の具を 6 箱と, 1 本 185 円の絵筆を 8 本買いました。代金はいくらですか。(8点)

(式)

答え (　　　　　　　　　)

11 学校の高さは 15 m です。市役所の高さは学校の 3 倍です。電波とうの高さは市役所の 2 倍です。電波とうの高さは何 m ですか。(8点)

(式)

答え (　　　　　　　　　)

小3

ハイクラステスト

文章題・図形

答え

答え

1 大きい数のしくみ

標準クラス p.2〜3

1 (1)480000 (2)6020090 (3)540780
(4)85000000 (5)100000000

2 (1)百万の位 (2)十万の位 (3)100倍
(4)二千五百六十七万七百八十九

3 (1)五百七十六万三千八百
(2)九百八万五千
(3)二千三十万七百
(4)九千八百四十七万二千三百六十四

4 ①290万 ②330万 ③460万
④530万

5 (1)5410000 → 5420000 → 5400000
(2)7119000 → 7134000 → 7130000
(3)5000038 → 4968300 → 4968299
(4)10000000 → 1000000 → 100000

📖 **とき方**

1 (1)10万が4こで40万, 1万が8こで8万です。
(2)100万が6こで600万, 1万が2こで2万,
10が9こで90です。よって, 6020090に
なります。
(3)1万が10こで10万なので, 54こでは54
万です。1が780こで780です。
(4)85万の10倍が850万, 100倍が8500万
です。
(5)10万を数字で表すと, 100000です。1000
倍するので, 後ろに「0」を3つつけます。よ
って100000000(1億)になります。

2

千	百	十	一	千	百	十	一
			万				
2	5	6	7	0	7	8	9

(1)(2)小さい位(右)からじゅん番に一, 十, 百,
千, 万…と位をとっていきましょう。位は4つ
ずつ区切って考えるとわかりやすいです。
(3)ウはエよりも位が2つ大きくなっているので,
100倍した数になります。

3 **2**と同じように, 小さい位(右)からじゅん番に一,
十, 百, 千, 万…と位を取っていきましょう。一
度数を声に出して読んでから書くと, まちがえに
くくなります。

---

(3)

千	百	十	一	千	百	十	一
			万				
2	0	3	0	0	7	0	0

4 1目もり分の大きさを考えて数直線を読みます。
100万を10に分けているので, 1つ分の10万
が1目もりにあたることがわかります。

5 位を読み取って, 数の大きさをくらべましょう。
右から4けた目に線をひいて, いちばん左の位が
何の位になるかを考えて3つの数をくらべます。
大きな数からならべることをわすれないようにし
ましょう。

ハイクラス p.4〜5

1 (1)30805000 (2)63000000
(3)8530000 (4)99999900

2 (1)76543210 (2)10234567
(3)70123456

3 ①7800万 ②8400万 ③9900万
④1億

4 (式)1800×1000=1800000
(答え)1800000円

5 (式)100×1980=198000
(答え)198000円

6 768000

7 (1)千の位 (2)百万の位 (3)百万の位
(4)八千八百九十四万二千

📖 **とき方**

1 (1)千万が3こで3000万, 十万が8こで80万,
千が5こで5000です。
(2)十万が10こで100万, 十万が100こで
1000万なので, 十万が630こで6300万で
す。
(3)8530の10倍が85300, 100倍が
853000, 1000倍が8530000です。
(4)1億より1小さい数は99999999, 10小さ
い数は99999990, 100小さい数は
99999900です。

2 (1)大きいじゅんに数をならべて8けたの数をつ
くります。
(2)小さいじゅんに数をならべて8けたの数をつ
くりますが, いちばん左の位に0がくると8け

たの数にならないので，いちばん左の位は2番目に小さい1をおき，その後，小さいじゅんに数をならべます。

(3) 7000万より大きい数の中でいちばん小さい数は70123456，7000万より小さい数の中でいちばん大きい数は67543210なので，7000万にいちばん近い数は70123456になります。

3 1目もり分の大きさを考えて数直線を読みます。1000万を10に分けているので，100万が1目もりにあたることがわかります。

4 位取り表を使って，1800を1000倍した数を考えます。数を1000倍すると，もとの数の右に0を3つつけた数になります。

5 100×1980=1980×100なので1980を100倍した数を考えます。数を100倍すると，もとの数の右に0を2つつけた数になります。

> **ポイント** かけ算では，かけられる数とかける数を入れかえて計算しても答えは同じです。
> ○×△=△×○

6 ある数を10倍すると7680だから，もとの数は0を1つ取った数になります。もとめたある数をさらに1000倍すると右に0を3つつけた数になります。

$$7680 \xrightarrow{\text{右はしの0を} \atop \text{1つ取る}} 768 \xrightarrow{\text{右に0を} \atop \text{3つつける}} 768000$$

7 10倍すると右に0が1つついて，位が1つ上がり，100倍すると右に0が2つついて，位が2つ上がり，1000倍すると右に0が3つついて，位が3つ上がります。

2 たし算の文章題

標準クラス p.6～7

1 (式) 684+156=840　　　　　(答え) 840円
2 (1)(式) 480+260=740　　　　(答え) 740円
　(2)(式) 550+370=920　　　　(答え) 920円
　(3)(式) 530+290=820　　　　(答え) 820円
3 (1)(式) 287+264=551　　　　(答え) 551人
　(2)(式) 158+196=354　　　　(答え) 354人
　(3)(式) 287+158=445　　　　(答え) 445人
　(4)(式) 264+196=460　　　　(答え) 460人
4 (式) 158+276=434　　　　(答え) 434まい

とき方

1 代金の合計をもとめるので，たし算をします。一の位も十の位もくり上がりがあります。

2 問題でたずねられているねだんを図からえらび，たし算をします。くり上がりに注意して計算しましょう。

3 問題でたずねられている人数を表からえらび，たし算をします。これもくり上がりに注意して計算しましょう。

4 あげたシールの数と今持っているシールの数から，はじめのシールの数をもとめる問題です。下のような図をかいて考えます。はじめの数をもとめるためには，あげた数と今持っている数をたし算しましょう。

あげたシールの数 158まい　今持っているシールの数 276まい
はじめのシールの数

ハイクラス p.8～9

1 (式) 169+(169+8)=346　(答え) 346ぴき
2 (式) 368+(368−5)=731　　(答え) 731人
3 (1)(式) 386+275=661　　　(答え) 661m
　(2)(式) 498+275+386=1159
　　　　　　　　　　　　　　(答え) 1159m
4 (れい)・あかりさんは本を176ページ読みました。あと144ページのこっています。この本は全部で何ページですか。
　・176ページの本と144ページの本があります。合わせると何ページですか。
5 (1)(式) 268+445+120=833 (答え) 833円
　(2)(式) 120+235+579=934 (答え) 934円
　(3)(式) 268+445+235+579=1527
　　　　　　　　　　　　　　(答え) 1527円
6 (式) 287+449=736
　　　 736+736+28=1500　(答え) 1500円
7 (式) 145+(145+32)+29=351
　　　　　　　　　　　　　　(答え) 351回

とき方

1 黒い金魚の数は，赤い金魚の数をもとにすると，(169+8)ひきになります。

2 北小学校の人数は，南小学校の人数をもとにすると，(368−5)人になります。

3 問題でたずねられている道のりを図からえらび，たし算をする問題です。図を見てどこからどこま

での道のりをもとめるかをたしかめましょう。

④ ふだんの生活やこれまでにといてきた問題を思い出して、たし算になる場面を考え、問題をつくりましょう。

⑤ 問題でたずねられているねだんを図からえらび、たし算をする問題です。3つの数や4つの数のたし算の筆算も、正しく計算できるように練習しましょう。

⑥ プリンとケーキのねだんを合わせると、
287+449=736（円）なので、
736+736+28=1500（円）となります。

プリン　ケーキ　プリン　ケーキ　　　おつり
287円　449円　287円　449円　　　28円
　　736円　　　　　　736円

⑦ 3つの数のたし算です。弟のとんだ回数をもとにして、わたしのとんだ回数をもとめると、
(145+32)回になります。それからお姉さんのとんだ回数を計算します。

弟のとんだ回数　　わたしのとんだ回数
145回　　　　　　(145+32)回　　　29回
　　　お姉さんのとんだ回数

3 ひき算の文章題

🏹 標準クラス　　　　　　　　　p.10〜11

❶ (式)500−279=221　　　　（答え）221円
❷ (1)(式)765−178=587　　　（答え）587
　(2)(式)523−135=388　　　（答え）388
❸ (式)803−157=646　　　　（答え）646人
❹ (式)567−449=118
　　　　　（答え）南小学校が118人多い。
❺ (式)500−(130+295)=75　（答え）75円
❻ (式)527−338=189
　　　　　（答え）お姉さんが189回多い。
❼ (式)(500+100)−(50+30+2)=518
　　　　　　　　　　　　（答え）518円
❽ (れい)十の位から1くり下がっているのをわすれている。十の位は 9−6=3 になる。

┌─ 📖 とき方 ─────────────────┐
❶ おつりをもとめる問題はひき算になります。上の位からのくり下がりが2回あるので注意しましょう。
❷ ことばの式に数をあてはめ、ある数をもとめる式

を考えます。
(1)は、ある数+178=765
(2)は、135+ある数=523 で、たし算のぎゃくのひき算でもとめます。

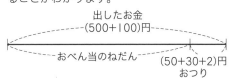
ある数　　　178
　　　765

❸ 5年前の人数は、今の人数からふえた人数をひいてもとめます。

❹ 数のちがいをひき算でもとめます。南小学校のほうが人数が多いので、南小学校の人数から北小学校の人数をひきます。答えの書き方にも注意しましょう。

❺ 持っていたお金から、代金の合計をひいてもとめます。

❻ お姉さんのほうが回数が多いので、お姉さんの回数からはるかさんの回数をひきます。

❼ 出したお金は、(500+100)円、おつりは、(50+30+2)円です。図をかくと、ひき算になることがわかります。

出したお金
(500+100)円
おべん当のねだん　　(50+30+2)円
　　　　　　　　　　　おつり

➡ ハイクラス　　　　　　　　　p.12〜13

❶ (1)(式)502−396=106　　　（答え）106人
　(2)(式)483−404=79　　　　（答え）79人
　(3)(式)502−483=19
　　　　　　　（答え）男子が19人多い。
　(4)(式)404−396=8
　　　　　　　（答え）女子が8人多い。
　(5)(式)502+483=985　396+404=800
　　985−800=185
　　　　　　　（答え）西小学校が185人少ない。
❷ (式)531−342=189　　　　（答え）189羽
❸ (式)437−179=258　　　（答え）258ページ
❹ (式)(465+390)−750=105 （答え）105円
❺ (式)520−370=150
　　　　　　（答え）お姉さんが150円多い。
❻ (式)100×2−75=125
　　500−(125+180)=195 （答え）195円

┌─ 📖 とき方 ─────────────────┐
❶ 問題でたずねられている人数を表からえらび、人数のちがいをひき算でもとめます。何から何をひくかをたしかめて、多いほうの数から少ないほう

の数をひきます。

(3)(4)(5)どちらが多いか少ないか，答え方にも気をつけましょう。

❷ あゆみさんのおった数をもとめるには，合計からお姉さんのおった数をひきます。

❸ 全体のページからのこりのページをひいてもとめます。

❹ 持っていたお金より筆箱とはさみの代金の合計のほうが多いことがわかるので，筆箱とはさみの代金の合計から持っていたお金をひきます。

❺ 2人とも同じお金を出したので，本を買った前と後で，持っているお金の2人のちがいは，かわりません。よって，本を買う前の2人の持っているお金のちがいをもとめればよいことがわかります。ほかには，本を買った後のゆりさんとお姉さんの持っているお金を計算してからちがいをもとめるとき方もあります。

❻ まず，ポテトチップスのねだんをもとめてから，代金の合計を計算します。それを持っていたお金からひけば，今持っているお金が計算できます。

4 たし算とひき算の文章題

標準クラス　　　　　p.14〜15

❶ (1)(式)1541−847＝694　　　(答え)694
　(2)(式)763＋268＝1031　　　(答え)1031
　(3)(式)1261−986＝275　　　(答え)275
　(4)(式)1253−457＝796　　　(答え)796

❷ (式)8848−3776＝5072　　(答え)5072 m

❸ (1)(式)1302＋1498＝2800 (答え)2800人
　(2)(式)2638＋2464＝5102 (答え)5102人
　(3)(式)2638−1302＝1336 (答え)1336人
　(4)(式)2464−1498＝966　　(答え)966人
　(5)(式)2800＋5102＝7902 (答え)7902人

―――――― とき方 ――――――

❶ ことばの式に数をあてはめ，ある数をもとめる式を考えます。たし算のぎゃく算はひき算，ひき算のぎゃく算はたし算になることをおぼえましょう。

(1)は，ある数＋847＝1541 で，ある数をもとめるにはぎゃく算でひき算になります。

(2)は，ある数−763＝268 で，ある数をもとめるにはぎゃく算でたし算になります。

(3)は，986＋ある数＝1261 で，ある数をもとめるにはぎゃく算でひき算になります。

(4)は，1253−ある数＝457 ですが，ある数をもとめるには 1253−457 で，ぎゃく算にならない場合があることがわかります。

```
|←-457-→|←---ある数---→|
|←-------1253-------→|
```

❷ 高さのちがいをもとめる式を考えます。エベレストのほうが高いので，エベレストの高さから富士山の高さをひきます。

❸ 問題でたずねられている人数を表からえらび，たし算やひき算をする問題です。何と何をたすか，何から何をひくかをたしかめてから，筆算で正しく計算しましょう

(5)は，(1)と(2)の答えを合わせるともとめられます。

➡ ハイクラス　　　　　p.16〜17

❶ (式)7628＋(7628＋1078)＝16334
　　　　　　　(答え)16334人

❷ (式)(980＋298)＋222＝1500
　　　　　　　　(答え)1500円

❸ (式)3825＋2746＋4657＝11228
　　　　　　　　(答え)11228人

❹ (式)75310＋10357＝85667(答え)85667

❺ (式)39800＋4980＝44780
　　　　　　　　(答え)44780円

❻ (1)(式)5378−2749＝2629 (答え)2629人
　(2)(式)10000−(5378＋2629)＝1993
　　　　　　　　(答え)1993人

❼ (式)64210−10246＝53964(答え)53964

❽ (式)20000−1500＝18500
　　30000−(18500＋7850)＝3650
　　　　　　　(答え)3650円

❾ (式)2480＋4860＋3750＋600＝11690
　　11690−10000＝1690(答え)1690円

―――――― とき方 ――――――

❶ 今日の入園者数は，(7628＋1078)人になります。

❷ 出したお金は，代金の合計とおつりを合わせると計算できます。

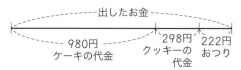
```
|←----------出したお金----------→|
|←--980円--→|←298円→|←222円→|
  ケーキの代金  クッキーの  おつり
              代金
```

❸ 3つの数のたし算です。くり上がりに気をつけて計算しましょう。

④ いちばん大きい5けたの数は左から大きいじゅんにならべて75310，いちばん小さい5けたの数は，いちばん左の数に0は使えないので，次に小さい1をおき，あとは小さいじゅんにならべて10357になります。

⑤ 5けたと4けたのたし算なので，同じ位どうしをたし算することに注意しましょう。

⑥ 4けたや5けたのたし算とひき算の問題です。

⑦ ④と同様に考え，いちばん大きい5けたの数は64210，いちばん小さい5けたの数は10246になります。

⑧ まず，ワンピースのねだんは，（20000−1500）円です。次に，持っていた3万円から買い物の代金の合計をひきます。

⑨ 4つの品物のねだんをたして合計の代金を計算します。そして，合計した金がくが1万円よりいくら高いか考えます。

🎯 チャレンジテスト① p.18〜19

① (1)(式)854+108=962　　　（答え）962
　 (2)(式)854−105=749　　　（答え）749
② (式)900−(206+398)=296
　　　　　　　　　　　　　（答え）296さつ
③ (1)(式)415−296=119
　　　（答え）たくやさんの家が119m近い。
　 (2)(式)296+415=711
　　　　711+711=1422　（答え）1422m
④ (1)52040000
　 (2)650000
　 (3)39999000
　 (4)8640000
⑤ (1)1000006　(2)8320万，7480万
⑥ (式)267+(267+9)=543　（答え）543まい
⑦ (式)71+71=142
　　　698+142=840　　　（答え）840円

📖 とき方

① 3けたの数をつくり，2つの数の合計やちがいを考えます。小さな数をつくるとき，いちばん左の数に0がくると3けたにならないことに注意しましょう。いちばん大きな数は854です。小さな数は，小さいじゅんに，104，105，108です。このことから，(1)は，854+108，(2)は，854−105の計算をすればよいことがわかります。

ポイント
カードをならべて数をつくる問題は，けた数が大きい場合も小さい場合も考え方は同じです。いちばん大きな数は，大きい数からじゅんに左はしからならべてつくります。2番目に大きな数は，いちばん大きな数の十の位の数と一の位の数を入れかえてつくります。また，いちばん小さな数は，小さい数からじゅんに左はしからならべてつくりますが，0がある場合は，いちばん左の位に0の次に小さい数をおき，0が2番目になります。

② 図書室にある900さつの本から，科学の本と図かんの合計をひきます。

③ (1)決められた道のりを図からえらび，道のりのちがいをひき算でもとめます。このとき，わかなさんの家から学校までの道のりのほうが長いことをたしかめます。どちらが何m近いか，答え方にも気をつけましょう。

　 (2)行きの道のりは，2つの道のりの合計をたし算でもとめます。この計算では，くり上がりが2回あることに注意しましょう。また，行ってもどるということは帰りの道のりも計算することをわすれないようにしましょう。

④ 数の組み合わせによって，大きな数を表すことができます。位取り表に書きこんで考えましょう。
　 (1)千万が5こで5000万，百万が2こで200万，1万が4こで4万です。
　 (2)千を100こ集めた数は100000なので，千を650こ集めた数は650000です。
　 (3)4000万を分けると3999万と1万なので，まず，1万より1000小さい数は，10000−1000=9000　と考え，3999万+9000　を計算しましょう。
　 (4)1000倍すると位が3つ上がり，数字の右に0が3つついた数になります。

⑤ 数のならび方からきまりを見つけ，□にあてはまる数を考えます。となりの数とくらべていくつふえているか，へっているか調べ，どのようなきまりがあるかを考えます。
　 (1)999997−999988=9　なので，9ずつふえていることから，□は，999997+9=1000006　となります。
　 (2)8040万−7760万=280万　なので，280万ずつへっていることから，2番目の□は，8600万−280万=8320万，5番目の□は，7760万−280万=7480万　となります。

⑥ お姉さんのシールの数は，なつ子さんより9まい多いので，（267+9）まいです。なつ子さんの持っ

ているシールの数と，お姉さんの持っているシールの数をたし算します。

⑦ ケーキ 2 こで，71+71=142(円) 安くなっているので，ケーキ 2 このもとのねだんは，698+142=840(円)

チャレンジテスト②

p.20〜21

1. (1)(式)675+198=873　　(答え)873 円
   (2)(式)548+189+198=935
   　　　　　　　　　　　(答え)935 円
   (3)(式)(485+198)−50=633
   　　　　　　　　　　　(答え)633 円
   (4)(式)1000−(675+189)=136
   　　　　　　　　　　　(答え)136 円
   (5)(式)(548+189)+63=800
   　　　　　　　　　　　(答え)800 円

2. (式)400−75=325　325+485=810
   　　1000−810=190　　(答え)190 円

3. (1)750000 円　(2)2050000 円
   (3)5000000 円　(4)3400000 円

4. ①4800 万　②6400 万

とき方

1. 図を見てねだんをえらび，たし算，ひき算をする問題です。
   (1) 2 つを合わせた代金を考えるので，たし算になります。
   (2) 3 つを合わせた代金を考えるので，3 つの数のたし算になります。
   (3) 2 つを合わせた代金より，50 円安くなるので，たし算の後，ひき算をします。
   (4) 出したお金から代金の合計をひきます。
   (5) 図をかいて考えます。食べた 2 つの代金の合計におつりをたします。

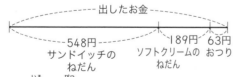

2. まず，色えん筆のねだんを計算してから，色えん筆と筆箱のねだんの合計を考えます。それを持っていたお金からひけば，今持っているお金が計算できます。

3. (1)1000 円の 100 倍は 100000 円なので，750 倍は 750000 円となります。
   (2)10000 円の 200 倍と 500 円の 100 倍の金がくをたし算します。

(3)5000 円の 1000 倍は，5000 の右に 0 を 3 つつけて，5000000 円です。

(4)1000 円の 3000 倍と 100 円の 4000 倍の金がくをたし算します。

> ポイント　10 倍，100 倍，1000 倍すると，位がどれだけ大きくなるかを考えます。
> 10 倍すると位が 1 つ大きくなり，100 倍すると位が 2 つ大きくなり，1000 倍すると位が 3 つ大きくなります。

4. 1 目もり分の大きさを考えて，数直線を読みます。20 目もりで，7000万−5000万=2000万 なので，1 目もりが 100 万になります。

5　かけ算の文章題

標準クラス

p.22〜23

1. (式)12×5=60　　　　　(答え)60 本
2. (式)45×6=270　　　(答え)270 ページ
3. (式)36×4=144　　　(答え)144 さつ
4. (式)76×8=608　　　　(答え)608 円
5. (式)38×4=152　　　　(答え)152 人
6. (式)25×27=675　　　(答え)675 まい
7. (1)(式)225×60=13500　(答え)13500 円
   (2)(式)158×25=3950　(答え)3950 円
   (3)(式)485×45=21825　(答え)21825 円
8. (式)875×38=33250　(答え)33250 円
9. (式)950×35=33250　(答え)33250 円

とき方

1〜5　文章から何をもとめるかを考え，式を立て答えをもとめる問題です。2 けた×1 けた の計算が正しくできるように練習しましょう。絵や図に表して，何こずつのいくつ分になるかを考えます。

6　2 けた×2 けた の計算です。

7〜9　3 けた×2 けた の計算です。

ハイクラス

p.24〜25

1. (1)(式)75×12=900　1000−900=100
   　　　　　　　　　　　(答え)100 円
   (2)(式)75×15=1125
   　　　　1125−1000=125　(答え)125 円

2. (式)7×6=42　25×42=1050
   　　　　　　　　　　　(答え)1050 字

3 (式)36×28=1008 1008+19=1027
(答え)1027 こ

4 (式)5×8=40 84×40=3360
(答え)3360 円

5 (1)(式)(180+230)×35=14350
(答え)14350 円

(2)(式)(590+120)×35=24850
(答え)24850 円

6 (式)265×24=6360 6360−6000=360
(答え)360 円

7 (式)(250−30)×35=7700
(答え)7700 円

8 (式)125×42=5250 5250+70=5320
(答え)5320 円

📖 **とき方**

1 (1)クッキー 12 こ分のねだんからおつりがいくらになるか考えましょう。

(2)クッキー 15 こ分のねだんをもとめ, それが 1000 円より何円高いかを考えましょう。

2 1週間が7日であることをもとに, 6週間では何日になるか考えましょう。

3 ふくろに入ったあめと, ばらのあめを合わせた数です。まず, ふくろに入ったあめの数を計算しましょう。

4 まず, 全部の切手のまい数を計算し, その後は, (切手1まいのねだん)×(全部の切手のまい数)で切手の代金を計算できます。

5 まず, 1人分がいくらになるかを考えます。それが 35 人分あります。

6 まず, クッキー 24 箱分の代金をもとめ, 6000 円よりいくら高いか考えましょう。

7 まず, 30 円引きのせんざい1このねだんをもとめてから, 35 こ分の代金をもとめます。

8 まず, まんじゅう 42 この代金をもとめ, それに箱の代金を合わせると, はらう金がくになります。

6 わり算の文章題

🌱 標準クラス　　　p.26〜27

1 (1)(式)24÷8=3
(答え)3 こ

(2)(式)24÷6=4
(答え)4 人

2 (1)(式)40÷5=8
(答え)8 グループ

(2)(式)16÷8=2
(答え)2 こ

3 (式)63÷7=9
(答え)9 ページ

4 (式)12×3=36 36÷7=5 あまり 1
(答え)1 人分は 5 本になって 1 本あまる。

5 (式)52÷6=8 あまり 4
(答え)8 人に配れて 4 まいあまる。

6 (式)59÷8=7 あまり 3
(答え)7 箱

7 (式)4 L=40 dL 40÷6=6 あまり 4
(答え)6 こ

8 答え…イ
わけ…(れい)8 台ではあと 2 人が乗れないのでもう 1 台ひつようになる。

📖 **とき方**

1 2 分けるときはわり算を使います。

3 1週間は7日です。

4 5 問題を読んで, わり算であまりが出る場合を考えます。

6 わり算の計算をもとに, あまりの数を切りすてる問題です。8 こ入りの箱は何箱できるかをもとめるので, あまりの 3 こでは, 8 こ入りの箱はできないことに気づくことが大切です。

7 1 L は 10 dL なので, 4 L=40 dL です。あまりは 6 dL にたりないので, 6 dL の水とう1こにはなりません。

8 わり算の計算をもとに, あまりの数を切り上げる問題です。あまった人を送るのにも車が1台ひつようなことに気づくことが大切です。

➡️ ハイクラス　　　p.28〜29

1 (式)12×3+4=40 40÷4=10 (答え)10 本

2 (1)(式)24÷3=8
(答え)8 こ

(2)(式)24÷4=6
(答え)6 こ

3 (式)24÷3=8 15+8=23 (答え)23 まい

4 (式)9×4=36 36÷6=6 (答え)6 日

5 (式)61÷7=8 あまり 5 (答え)金曜日

6 (式)6 L=60 dL 60−4=56 56÷8=7
(答え)7 dL

7 (式)100−12=88 88÷8=11 (答え)11 円

8 (式)40÷6=6 あまり 4
40÷7=5 あまり 5
5−4=1
(答え)7 人で分けるほうが1こ多くあまる。

9 (式)36÷3=12
12+3=15 (答え)15 まい

📖 **とき方**

1 1ダースは 12 本なので, 3ダースは, (12×3)本です。

② おはじきの数は，2×12=24 より 24 こあります。

③ 3人で分けた1人分のカードの数は，24÷3=8 より 8 まいです。

④ 1人で仕事をすると，9×4=36 より 36 日ひつようです。

⑤ 1週間は7日なので，日数を7でわったときのあまりで曜日がわかります。今日が日曜日なので，あまり1のときは月曜日，あまり2のときは火曜日，…，あまり5のときは金曜日になります。

⑥ 1Lは10dLなので，6L=60dL です。

⑦ 色紙8まいの代金は，100−12=88 より 88円です。

⑧ わり算をしてあまりを出し，あまりの大きさをくらべます。

⑨ 使ったお皿の数とのこっているお皿の数を合わせます。

---

7 かけ算とわり算の文章題

標準クラス　　　　　　　　p.30〜31

① (式)24×39=936　　　　　(答え)936こ

② (式)42÷6=7　　　　　　(答え)7本

③ (式)25×48=1200　　　　(答え)1200まい

④ (式)85÷9=9 あまり 4
　　(答え)1人分は9まいになって4まいあまる。

⑤ (式)45×37=1665
　　　　1665 cm=16 m 65 cm
　　　　　　　　　　(答え)16 m 65 cm

⑥ (式)62÷8=7 あまり 6　7+1=8
　　　　　　　　　　　(答え)8きゃく

⑦ (式)1 L 8 dL=18 dL　18×12=216
　　　216 dL=21 L 6 dL (答え)21 L 6 dL

⑧ (式)40÷7=5 あまり 5　(答え)5週間と5日

⑨ (式)125×6=750　　　　(答え)750人

📖 とき方

①③⑤⑦⑨ 文章から何をもとめるかを考え，かけ算を使った式を立てて答えをもとめる問題です。

⑤ 計算でもとめた答えのたんいは cm です。答えを書くときは□m□cmとなおすのをわすれないようにしましょう。

⑦ 1ダースは12本であることをもとに考えましょう。また，1 L 8 dL を 18 dL として計算し，その答えをLとdLのたんいになおしましょう。

---

②④⑥⑧ 文章から何をもとめるかを考え，わり算を使った式を立てて答えをもとめる問題です。2けた÷1けた の計算が正しくできるように練習しましょう。

⑧ 1週間＝7日 なので，40÷7 の式でもとめます。

➡ ハイクラス　　　　　　　　p.32〜33

① (1)(式)30×2=60　　　　　　(答え)60 cm
　　(2)(式)30×3=90　　　　　　(答え)90 cm
　　(3)(式)(60+90)×2=300　300 cm=3 m
　　　　　　　　　　　　　　　(答え)3 m

② (式)12×4+6=54　54÷9=6　(答え)6本

③ (式)6×3=18　7×2=14　18+14=32
　　　32÷8=4
　　　　　　　　　　　　　　(答え)4日

④ (1)(式)3×4=12　12÷2=6　(答え)6まい
　　(2)(式)12÷4=3　　　　　　(答え)3まい

⑤ (式)13×4+1=53　9×6=54
　　　　54−53=1　　　　　　(答え)1人

⑥ (式)345×3−100=935
　　　935+250=1185　　(答え)1185円

⑦ (式)185×5−40=885　(答え)885 m

📖 とき方

① (1)(2)30 cm のいくつ分になるかを考えます。
　　(3)まわりの長さは，(たての長さ+横の長さ)×2 で計算できます。

② 4ダースと6本は何本になるかを計算してから，9人で分けることを考えましょう。

③ 6人ですると3日で終わる仕事を1人ですると，6×3=18 より，18日かかり，7人ですると2日で終わる仕事を1人ですると，7×2=14 より，14日かかります。

④ タイルは全部で，3×4=12 より 12まいあります。

⑤ トランプ1セットは，ハート，クラブ，スペード，ダイヤの4種類がそれぞれ13まいずつあるので，トランプのまい数は，13×4+1=53 より，53まいです。6人全員が9まいだとすると，9×6=54 より，トランプのカードは54まいひつようになります。したがって，54−53=1 より，たりないのは1まいなので，1人だけ8まいになります。

⑥ まず，ケーキ3こ分の代金から，100円安くなったときの代金を計算します。それとジュースのねだんをたし算しましょう。

⑦ 5しゅうに40mたりないので，5しゅう分の長さから40mをひけばよいことがわかります。

8 □を使った式

標準クラス　p.34〜35

❶ (1)(式)□×6=300　□=300÷6=50
　　　　　　　　　　　　　（答え）50円
　(2)(式)500−□=120　□=500−120=380
　　　　　　　　　　　　　（答え）380円
　(3)(式)□÷6=25　□=25×6=150
　　　　　　　　　　　　　（答え）150まい

❷ (1)(式)□+9=24　□=24−9=15
　　　　　　　　　　　　　（答え）15こ
　(2)(式)□×9=72　□=72÷9=8　（答え）8羽
　(3)(式)1000−□=40　□=1000−40=960
　　　　　　　　　　　　　（答え）960円
　(4)(式)□÷25=36　□=25×36=900
　　　　　　　　　　　　　（答え）9m（900cm）

📖 とき方

❶❷ それぞれの問題が　　　の中のどの式にあてはまるか考えます。もとめる数やりょうを□として，えらんだ式に数やりょうをあてはめて，式をつくります。数やりょうのかんけいを考えて，ぎゃく算により，□をもとめます。

❶ (1)あてはまる式は③で，えん筆1本のねだんを□にします。
　(2)①で，使ったお金を□にします。ひく数をもとめるため，ひき算になることに気をつけましょう。
　(3)②で，全体の数を□にします。

❷ (1)あてはまる式は⑤で，1箱に入った数を□にします。
　(2)②で，1日におった数を□にします。
　(3)①で，チョコレートとクッキーの代金を□にします。
　(4)④で，リボンのもとの長さを□にします。

ハイクラス　p.36〜37

❶ (1)ことばの式
$$\left(\begin{array}{c}全部の\\ページ数\end{array}\right)-\left(\begin{array}{c}読んだ\\ページ数\end{array}\right)=\left(\begin{array}{c}のこった\\ページ数\end{array}\right)$$
　□を使った式　300−□=84
　(2)ことばの式
$$\left(\begin{array}{c}1ふくろの\\りんごの数\end{array}\right)\times\left(\begin{array}{c}もらった\\ふくろの数\end{array}\right)=\left(\begin{array}{c}全部の\\りんごの数\end{array}\right)$$
　□を使った式　□×6=54

❷ (式)□−(240×3)=280
　　　　□=280+(240×3)=1000
　　　　　　　　　　　　　（答え）1000円
❸ (式)8×□+2=50　（または 50−8×□=2)
　　　　□=(50−2)÷8=6　　　（答え）6箱
❹ (式)□+12=40　□=40−12=28
　　　　　　　　　　　　　（答え）28本
❺ (式)180−45=□　□=135
　　　135cm=1m35cm
　　　　　　　　　　　　　（答え）1m35cm
❻ (式)□+50+270=1000
　　　□=1000−(50+270)=680
　　　　　　　　　　　　　（答え）680羽
❼ (式)□÷2=9　□=2×9=18
　　　18dL=1L8dL　　（答え）1L8dL

📖 とき方

❶ 文章を読んで，数りょうのかんけいを考える問題です。わからない数を□にして式をつくります。
　(1)は，読んだページを□にします。
　(2)は，1ふくろに入っているりんごの数を□にします。

❷ 出したお金を□にします。代金は(240×3)円になります。

❸ できた箱の数を□にします。

❹ はじめに持っていたえん筆の数を□にします。

❺ のこりのリボンの長さを□にします。

❻ きのうまでにおったおりづるの数を□にします。

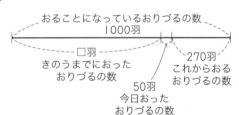

おることになっているおりづるの数
1000羽
□羽
きのうまでにおった
おりづるの数
50羽
今日おった
おりづるの数
270羽
これからおる
おりづるの数

❼ ペットボトルに入るお茶のりょうを□にして式をつくります。

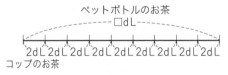

ペットボトルのお茶
□dL
2dL 2dL 2dL 2dL 2dL 2dL 2dL 2dL 2dL
コップのお茶

🎯 チャレンジテスト③　p.38〜39

① (式)50×97=4850　　　　（答え）4850円
② (式)118×6=708　445×2=890
　　708+890=1598　　（答え）1598円

③ (式)35÷4＝8 あまり 3　　　（答え）8 ふくろ

④ (式)72÷(6+2)＝9　　　　（答え）9 人

⑤ (式)94×9＝846
　　　1000−846＝154　　　（答え）154 円

⑥ (式)(60−4)÷8＝7　　　　（答え）7 人

⑦ (式)276×5+450＝1830　（答え）1830 円

⑧ (式)31÷7＝4 あまり 3　（答え）4 週間と 3 日

⑨ (式)(3+4)×□＝63　□＝63÷7＝9
　　　　　　　　　　　　　　　（答え）9 人

⑩ (式)25×24+12＝612　（答え）612 人

⑪ (式)9×70+5＝635　　　（答え）635

📖 **とき方**

① 全部の金がくをもとめるのでかけ算になります。

② 代金の合計をもとめるので，それぞれの代金をたし算します。

③ わり算をした後，あまりの 3 こでは 4 こ入りのふくろはできないと考えることが大切です。

④ 1 人分のおり紙は (6+2) まいになります。(全部のおり紙の数)÷(1 人分のおり紙の数)＝(人数) の式にあてはめて，答えをもとめます。

⑤ おつりは，出したお金から代金の合計をひき算します。

⑥ 分けたクッキーの数は (60−4) こで，これを 8 こずつに分けたと考えます。

⑦ 代金の合計をもとめるので，それぞれの代金をたし算します。

⑧ 1 週間は 7 日です。

⑨ もとめる数を□にして式に表します。かけ算のぎゃく算でわり算で計算できます。

⑩ 学校全員の人数は，ロープウエーに乗った人よりも 12 人多いです。

⑪ わり算のたしかめの問題です。

👉**ポイント**　わり算のたしかめは，
(わられる数)＝(わる数)×(商)+(あまり)
の式でもとめられます。
※13÷5＝2 あまり 3 の 2 のような数を商といいます。

🎯 **チャレンジテスト④**　p.40〜41

① (式)38−25＝13　850×13＝11050
　　　400×25＝10000
　　　11050+10000＝21050
　　　　　　　　　　　　　（答え）21050 円

② (式)25÷7＝3 あまり 4　（答え）木曜日

---

③ (式)12×2＝24　55×24＝1320
　　　　　　　　　　　　　（答え）1320 円

④ (式)9×3＝27　40−27＝13
　　　　　　　　　　　　　（答え）13 cm

⑤ (式)8×4+3＝35　　　（答え）35 こ

⑥ (式)120−15＝105　105×8＝840
　　　　　　　　　　　　　（答え）840 円

⑦ (式)50−18＝32
　　　32÷8＝4　　　　　（答え）4 cm

⑧ (式)□×5+6＝41　□＝(41−6)÷5＝7
　　　　　　　　　　　　　（答え）7 こ

⑨ (式)(300+150)×35＝15750
　　　　　　　　　　　　　（答え）15750 円

⑩ (式)7×8+6＝62　62÷9＝6 あまり 8
　　　　　　　　　　　　　（答え）6 あまり 8

📖 **とき方**

① まず，(全体の人数)−(子どもの人数) で大人の人数をもとめます。全部のさんかひをもとめるには，(大人のさんかひ)×(大人の人数) と (子どものさんかひ)×(子どもの人数) をたし算で計算しましょう。

② 4 月 1 日から 25 日までは 25 日あり，1 週間が 7 日であることからわり算をします。あまりと曜日をじゅんに組み合わせて考えましょう。

👉**ポイント**　はじめの日が月曜日の場合，あまりが 1 は月曜日，2 は火曜日，3 は水曜日，4 は木曜日，5 は金曜日，6 は土曜日と考えましょう。わり切れたときは日曜日です。

③ 1 ダースは 12 本なので，2 ダースは (12×2) 本になります。代金は，(1 本のねだん)×(本数) で計算できます。

④ 9 cm のテープ 3 本分の長さをもとめて，40 cm からひきます。

⑤ わり算のたしかめは，
(わられる数)＝(わる数)×(商)+(あまり) の式にあてはめて計算できます。

⑥ 120 円より 15 円安くなっていることから，ケーキ 1 このねだんをもとめて，次にケーキ 8 この代金を計算します。

⑦ 50 cm の本だなのはばに 18 cm の間があいているので，8 さつ分の本のあつさは，(50−18) cm とわかります。1 さつのあつさはわり算で計算できます。

⑧ (1 箱に入っている数)×(箱の数)+(ばらの数)＝(全部のチョコレートの数) の式に数をあては

めて計算できます。

全部のチョコレートの数

$$\overbrace{\square こ \quad \square こ \quad \square こ \quad \square こ \quad \square こ}^{41こ} \quad 6こ$$

|1箱のチョコレート の数　　　　　　　　　　ばら

⑨ 1人分のひ用はバス代と入園りょうを合わせたものなので, 全部のひ用は, (1人分のひ用)×35(円)になります。

⑩ (わられる数)=(わる数)×(商)+(あまり) の式にあてはめて, ある数をもとめます。ある数がもとめられたら, 9でわるわり算をしましょう。

9 時こくと時間

標準クラス　　　　　　　　　　　p.42〜43

1 (1)午前7時5分　(2)午前5時35分
　(3)1時間35分
2 午後2時50分
3 32秒
4 2時間35分
5 (1)5時間　(2)7時間　(3)イからエまでが2時間長い。
6 (1)秒　(2)時間　(3)分　(4)分
7 イのいんさつきが35秒はやい。

とき方

1 「〇分後」はすすむ, 「〇分前」はもどると考えて, 時こくの計算ができるように練習しましょう。時計をじゅんびして, じっさいに〇分後はどうなるか, やってみることが大切です。
　(1)6時25分の35分後が7時で, さらに5分後なので7時5分です。
　　また, 次のように計算することもできます。
　　6時25分+40分=6時65分
　　1時間=60分なので,
　　6時65分=7時5分
　(2)6時25分の25分前が6時で, さらに25分前なので5時35分です。
　　または, 6時25分−50分=5時85分−50分
　　=5時35分
　(3)6時25分から7時25分までは1時間, 7時25分から8時までは35分なので,
　　1時間35分
　　または,
　　8時−6時25分=7時60分−6時25分

　　=1時間35分
2 午後3時15分の25分前の時こくをもとめます。
　3時15分−25分=2時75分−25分
　=2時50分
3 1分=60秒 なので, 1分17秒=77秒 になります。
　77秒−45秒=32秒
4 午前8時から午前10時35分までの時間をもとめるので,
　10時35分−8時=2時間35分
5 時こくと時こくの間の時間を読み取ります。
　(3)アからウまでは, 午前12時をもとにして, 午前に8時間, 午後に2時間, 合わせて10時間になると考えます。
　　イからエまでは, 午前に3時間, 午後に9時間, 合わせて12時間になると考えます。
6 1時間, 1分, 1秒はそれぞれどれくらいかを実さいに体でおぼえておくとよいでしょう。
7 1分=60秒 なので, 2分20秒=140秒,
　1分45秒=105秒 のように, 分を秒のたんいになおして計算します。

ハイクラス　　　　　　　　　　　p.44〜45

1 (1)15分前　(2)午前7時35分　(3)25分
　(4)3時間10分　(5)8時間
2 (1)1時間15分
　(2)午前10時15分
3 (1)午前9時42分
　(2)40分

とき方

1 時こく表を見て, 時間を計算することができるようにしましょう。時計を使って, 長いはりが1しゅうすると60分, 短いはりが1しゅうすると12時間たつことをおぼえましょう。
　(1)午前8時から8時15分までの時間です。
　(2)午前8時より25分前の時こくです。
　(3)午前8時15分から8時40分までの時間です。
　(4)午後0時15分から3時25分までの時間です。
　(5)午前中に4時間, 午後に4時間です。
2 時間のたし算です。60分=1時間 を使って, 何時間何分になるかを考えましょう。
　(1)40分+35分=75分
　　75分=1時間15分
　(2)40分+15分+35分+20分=110分
　　110分=1時間50分
　　8時25分+1時50分=10時15分

3 (1)午前 10 時 2 分 より 20 分前の時こくです。

10 時 2 分−20 分＝9 時 42 分

(2)動物園に着いた時こくは，東町の駅に着いた

時こくの 5 分後なので，

10 時 17 分＋5 分＝10 時 22 分

10 時 22 分−9 時 42 分＝40 分

10 長 さ

標準クラス p.46〜47

1 (1)(式)1 km 600 m ＝1600 m

1600−900＝700 （答え）700 m

(2)(式)900＋1600＝2500

2500 m ＝2 km 500 m

（答え）2 km 500 m(2500 m)

2 (1)(式)800＋500＋100＝1400

1400 m ＝1 km 400 m

（答え）1 km 400 m

(2)(式)400＋500＋100＝1000

1400−1000＝400 （答え）400 m

3 (1)cm (2)m (3)m (4)km

4 (1)(式)1 km 900 m −700 m ＝1 km 200 m

（答え）1 km 200 m(1200 m)

(2)(式)1 km 900 m ＝1900 m

1900＋1900＝3800

3800 m ＝3 km 800 m

（答え）3 km 800 m(3800 m)

5 (1)(式)500＋600＝1100　1 km ＝1000 m

1100−1000＝100 （答え）100 m

(2)(式)1000−400＝600 （答え）600 m

とき方

1 (1)道のりのちがいをもとめるのでひき算になり

ます。1 km ＝1000 m なので，

1 km 600 m ＝1600 m です。

(2)それぞれの道のりをたし算します。

2 (1)3 つの道のりのたし算です。1000 m ＝1 km

でたんいをなおしましょう。

(2)それぞれの道のりをひき算します。

3 長さのたんいが実さいの生活の中で，どのように

使われているかを考える問題です。はがきなどを

実さいにはかったり，ものさしやまきじゃくを使

って 1 m や 1 cm の長さをたしかめましょう。

4 (1)ひき算になります。

(2)同じ道のりをおうふくするので，道のりが 2

倍になります。

5 (1)「家→けいさつ→スーパー」の道のりを計算し

てからひき算をします。

ハイクラス p.48〜49

1 (1)(式)400×2＝800 （答え）800 m

(2)(式)800＋300＝1100

1100−400＝700 （答え）700 m

(3)(式)400＋700＋2500＝3600

3600 m ＝3 km 600 m

（答え）3 km 600 m

2 (1)(式)300÷5＝60 （答え）60 cm

(2)(式)60×98＝5880

5880 cm ＝58 m 80 cm

（答え）58 m 80 cm

3 (式)135×10＝1350

（答え）1350 m，1 km 350 m

4 (式)180×5＝900　900×7＝6300

6300 m ＝6 km 300 m

（答え）6 km 300 m

5 (1)(式)670＋840＝1510

1510−1230＝280

（答え）家から神社の前を通って学校へ行く道

のりのほうが 280 m 長い。

(2)(式)700＋770＝1470

1510＋1470＝2980

2980 m ＝2 km 980 m

（答え）2 km 980 m

とき方

1 (2)学校からけいさつまでの道のりを計算してか

ら，学校から病院までの道のりをひき算しまし

ょう。

(3)学校から市役所までの道のりと，市役所から

工場までの道のりをたし算しましょう。

2 (1)5 歩の長さが 300 cm なので，1 歩の長さは

300÷5 でもとめます。

(2)(1)より，1 歩で 60 cm 歩くので，98 歩で歩

く道のりは 60 cm の 98 倍と考えます。

3 4 かけ算をしてから，1000 m ＝1 km で単位

をなおします。

5 (1)家から神社の前を通って学校へ行く道のりは，

(670＋840) m です。ちがいはひき算で計算

します。

(2)学校から図書館の前を通って家まで歩く道の

りは，(700＋770) m です。行きと帰りに歩

く道のりは，たし算で計算します。

11 重 さ

標準クラス　p.50〜51

1 (1)kg　(2)g　(3)kg　(4)t

2 (式)530 g +2 kg 700 g =3 kg 230 g
　　　　　(答え)3 kg 230 g(3230 g)

3 (1)(式)28 kg 400 g +28 kg =56 kg 400 g
　　　　　(答え)56 kg 400 g
　　(2)(式)28 kg 400g −5 kg 200 g
　　　　=23 kg 200 g　(答え)23 kg 200 g

4 (式)4 kg 200 g − 300 g =3 kg 900 g
　　　　　(答え)3 kg 900 g(3900 g)

5 (式)3 kg 300 g −500 g =2 kg 800 g
　　　　　(答え)2 kg 800 g(2800 g)

6 (1)(式)24 kg 100 g −22 kg 200 g
　　　　=1 kg 900 g　　(答え)1 kg 900 g
　　(2)(式)24 kg 100 g −23 kg 700 g
　　　　=400 g
　　　　(答え)はる子さん，400 g へった。

7 (式)480×7=3360　3360 g =3 kg 360 g
　　　　　(答え)3 kg 360 g(3360 g)

とき方

1 重さのたんいが実さいの生活の中で，どのように使われているかを考える問題です。バターやさとうなど実さいにはかりを使ってはかって，1 g や 100 g，1 kg の感じをたしかめましょう。

2 全体の重さをもとめる問題で，たし算になります。
530 g +2 kg 700 g =2 kg 1230 g
1 kg =1000 g なので，
2 kg 1230 g =3 kg 230 g

3 重さのたし算やひき算を筆算で計算する問題です。

4 さとうだけの重さをもとめる問題で，ひき算になります。
4 kg 200 g −300 g=3 kg 1200 g −300 g
=3 kg 900 g

5 りんごだけの重さをもとめる問題で，ひき算になります。

6 重さをくらべる問題で，ひき算になります。
(2)表から，5 月に体重がへったのははる子さんとわかります。

7 全体の重さをもとめる問題で，
(1 つ分の重さ)×(ようかんの数) になります。

ハイクラス　p.52〜53

1 (式)800×3+150=2550
　　　2550 g =2 kg 550 g
　　　　　(答え)2 kg 550 g(2550 g)

2 (1)(式)29 kg 300 g +7 kg =36 kg 300 g
　　　　　(答え)36 kg 300 g
　　(2)(式)29 kg 300 g −3 kg 900 g
　　　　= 25 kg 400 g　(答え)25 kg 400 g

3 (式)1 kg 330g =1330 g
　　　1330−250=1080　1080÷9=120
　　　　　(答え)120 g

4 (式)360×7=2520　2520 g =2 kg 520 g
　　　　　(答え)2 kg 520 g

5 (式)130+900=1030
　　　1030 g =1 kg 30 g　(答え)1 kg 30 g

6 (式)80×5=400　　　(答え)400 g

7 (式)1 kg 20 g =1020 g
　　　1020−680=340　680−340=340
　　　　　(答え)340 g

8 (式)265×6+300=1890
　　　1890 g=1 kg 890 g
　　　　　(答え)1 kg 890 g(1890 g)

9 考え方と式…(れい)1 kg 600 g =1600 g
かんづめ 1 この重さは 1600÷8=200 で 200 g です。
かんづめ 1 この中身の重さは 160 g だから，かん 1 この重さは 200−160=40 で 40 g です。
答え…40 g

とき方

1 全体の重さは，
(1 ふくろの重さ)×(ふくろの数)+(箱の重さ)
になります。

2 (2)29 kg 300 g−3 kg 900 g
　=28 kg 1300 g−3 kg 900 g=25 kg 400 g

3 全体の重さからかごの重さをひくと，りんご9こ分の重さになります。

4 全体の重さをもとめる問題で，
(1 日分の重さ)×(日数) になります。

5 入れ物の重さは，図より 130 g とわかります。

6 ノート 1 さつの重さは図より 80 g とわかります。

7 1020 g から 680 g をひくとお茶半分の重さがわかります。次にお茶が半分だけ入った水とうの重さ 680 g からお茶半分の重さをひくと水とうの重さがわかります。

8 全部の重さは，（ボール１この重さ）×（ボールの数）＋（箱の重さ）になります。

9 次のようにもとめることもできます。
かんづめ８こ分の中身の重さは，
160×8＝1280 で 1280 g です。
1 kg 600 g＝1600 g だから，かん８この重さは 1600－1280＝320 で 320 g です。
かん１この重さは 320÷8＝40 で 40 g です。

12 小 数

標準クラス   p.54〜55

1 (1) ア…0.7 L　イ…0.4 L
(2)(式)0.7＋0.4＝1.1　　　　　（答え）1.1 L
(3)(式)0.7－0.4＝0.3　　　　　（答え）0.3 L

2 (1)0.3　(2)0.7　(3)3.2　(4)1.5　(5)2.3
(6)2.5

3 (1)＜　(2)＜

4

0.6	0.1	0.8
0.7	0.5	0.3
0.2	0.9	0.4

5 (1)(式)2.5＋0.7＋1.8＝5　　　（答え）5 cm
(2)(式)2.5－0.7＝1.8　　　　（答え）1.8 cm

6 (式)(2＋0.5)－0.9＝1.6　　（答え）1.6 kg

━━━━━━━ 📖 とき方 ━━━━━━━

1 (1)１L を 10 こに分けた１つ分が 0.1 L になります。
(2)小数のたし算です。

2 小数のたんいの問題です。１を 10 こに分けた１つ分の大きさが 0.1 になります。
(1)10 dL ＝１L なので，3 dL ＝0.3 L
(2)1000 mL ＝１L なので，700 mL ＝0.7 L
(3)1000 m ＝１km なので，3200 m ＝3.2 km
(4)100 cm ＝１m なので，150 cm ＝1.5 m
(5)10 mm ＝１cm なので，23 mm ＝2.3 cm
(6)1000 g ＝１kg なので，2500 g ＝2.5 kg

3 同じたんいになおして大きさをくらべます。
(1)1.2 t ＝１t 200 kg です。
(2)１dL ＝100 mL なので，0.2 dL ＝20 mL です。

4 たて，横，ななめで３つの数がそろっているところをさがします。たてのまん中の１列は，
0.1＋0.5＋0.9＝1.5 になるので，合計がどれも

1.5 になるようにします。たて，横，ななめで２つの数がわかっているところから考えましょう。

5 ㋐，㋑，㋒を同じたんいにそろえて考えるので，㋒を 18 mm ＝1.8 cm となおします。

6 かんに入れたさとう全体のはじめの重さは，(2＋0.5) kg です。

➡ ハイクラス   p.56〜57

1 (1)8.5　(2)2.8　(3)1.5　(4)1.8

2 (1)(式)1.8＋0.2＝2
　　　　　　　（答え）１しょうびんとコップ
(2)(式)4－(2＋1.8)＝0.2　　　（答え）0.2 L
(3)(式)2.5－0.8＝1.7　　　　（答え）1.7 L
(4)(式)2＋1.8＋2.5＋0.8＋0.2＝7.3
　　　　　　　　　　　　（答え）7.3 L

3 (式)5 dL ＝0.5 L　1.8－(0.5＋0.7)＝0.6
　　　　　　　　　　　　（答え）0.6 L

4 (式)9 mm ＝0.9 cm　18 mm ＝1.8 cm
　　3.5＋0.9＋1.8＝6.2　　（答え）6.2 cm

5

0.2	3	2	1.6
2.8	0.8	1	2.2
1.4	1.8	3.2	0.4
2.4	1.2	0.6	2.6

6 (式)3×20＝60　86.4－60＝26.4
　　　　　　　　　　　　（答え）26.4 cm

7 (式)12.3＋3.8＝16.1　16.1＋16.1＝32.2
　　9×4＝36　36－32.2＝3.8
(答え)正方形のまわりの長さが 3.8 cm 長い。

━━━━━━━ 📖 とき方 ━━━━━━━

1 (1)1000 g ＝1 kg なので，8500 g ＝8.5 kg
(2)1000 kg ＝１t なので，2800 kg ＝2.8 t
(3)10 dL ＝１L なので，15 dL ＝1.5 L
(4)1000 mL ＝１L なので，1800 mL ＝1.8 L

2 コップは，2 dL ＝0.2 L です。
(1)かさを合わせて２L になる入れ物の組み合わせを考えます。
(2)２L と 1.8 L を合わせたかさと４L をくらべます。
(3)やかんと水とうのかさをくらべます。
(4)５つの入れ物に入る水のかさの合計を計算します。

4 ３つの小数のたし算の問題です。

5 たて，横，ななめで４つの数がそろっているところをさがします。たての右はしの１列は，

14

1.6+2.2+0.4+2.6=6.8 になるので，合計はどれも 6.8 になるように考えます。たて，横，ななめで3つの数がわかっているところから始めましょう。

6 まず 20 さつ分の本のはばをもとめます。

7 長方形と正方形のまわりの長さをくらべます。
長方形のまわりの長さ＝(たて＋横)×2，
正方形のまわりの長さ＝(1辺)×4 になります。

13 分　数

標準クラス p.58〜59

1 (1)$\frac{3}{4}$　(2)$\frac{4}{5}$　(3)$\frac{5}{6}$　(4)$\frac{4}{7}$

2 (1)$\frac{3}{8}$　(2)$\frac{4}{6}$

3 $\frac{1}{8}$ L

4 (1)(式)$\frac{1}{5}+\frac{1}{5}=\frac{2}{5}$　(答え)$\frac{2}{5}$ dL

(2)(式)1 dL＝$\frac{5}{5}$ dL　$\frac{5}{5}-\frac{2}{5}=\frac{3}{5}$

(答え)$\frac{3}{5}$ dL

5 (式)$\frac{2}{5}+\frac{2}{5}=\frac{4}{5}$　(答え)$\frac{4}{5}$ L

6 (式)$\frac{3}{5}-\frac{2}{5}=\frac{1}{5}$　(答え)$\frac{1}{5}$ L

7 (1)(式)$\frac{3}{10}+\frac{1}{10}+\frac{1}{10}+\frac{1}{10}+\frac{1}{10}+\frac{1}{10}+\frac{1}{10}$

$=\frac{9}{10}$　(答え)$\frac{9}{10}$ L

(2)(式)$\frac{10}{10}-\frac{9}{10}=\frac{1}{10}$　(答え)1 ぱい

とき方

1 1 m は数直線の真ん中の目もりになります。

(1)1 m を 4 つに分けたうちの 3 こ分です。
(2)1 m を 5 つに分けたうちの 4 こ分です。
(3)1 m を 6 つに分けたうちの 5 こ分です。
(4)1 m を 7 つに分けたうちの 4 こ分です。

2 (1)正方形を 8 つに分けたうちの 3 こ分です。
(2)長方形を 6 つに分けたうちの 4 こ分です。

3 1 L を 8 つに分けたうちの 1 こ分です。

4 (2)1 dL＝$\frac{5}{5}$ dL として，ひき算でもとめます。

7 図より，はじめに入っている水のりょうは，
$\frac{3}{10}$ L です。

(2)1 L＝$\frac{10}{10}$ L なので，ひき算で，
$\frac{10}{10}-\frac{9}{10}=\frac{1}{10}$ となります。$\frac{1}{10}$ L はコップ 1 ぱい分です。

ハイクラス p.60〜61

1 (式)$\frac{4}{5}-\frac{3}{5}=\frac{1}{5}$　(答え)$\frac{1}{5}$ L

2 (1)(式)$\frac{4}{7}+\frac{2}{7}=\frac{6}{7}$　(答え)$\frac{6}{7}$ L

(2)(式)$\frac{6}{7}-\frac{1}{7}=\frac{5}{7}$　(答え)$\frac{5}{7}$ L

3 (式)$\frac{4}{9}-\frac{1}{9}=\frac{3}{9}$　$\frac{6}{9}-\frac{5}{9}=\frac{1}{9}$
$\frac{3}{9}-\frac{1}{9}=\frac{2}{9}$

(答え)なつ子さんが $\frac{2}{9}$ m 長い。

4 (1)青…$\frac{5}{8}$ m　白…$\frac{3}{8}$ m　黒…$\frac{7}{8}$ m

(2)(式)$\frac{7}{8}-\frac{3}{8}=\frac{4}{8}$　(答え)$\frac{4}{8}$ m

5 $\frac{3}{10}$, $\frac{8}{10}$

6 (式)0.7 kg＝$\frac{7}{10}$ kg　$\frac{2}{10}+\frac{7}{10}=\frac{9}{10}$

(答え)$\frac{9}{10}$ kg

7 (式)1 m＝$\frac{10}{10}$ m　0.3 m＝$\frac{3}{10}$ m
$\frac{10}{10}-\left(\frac{3}{10}+\frac{4}{10}\right)=\frac{3}{10}$　(答え)$\frac{3}{10}$ m

とき方

2 図より，2つの入れ物には，それぞれ $\frac{4}{7}$ L，$\frac{2}{7}$ L 入っています。

3 まず，なつ子さんとふゆ子さんののこりのテープの長さを計算しましょう。次に，2人ののこりのテープの長さのちがいを考えます。

4 1 m を 8 つに分けているので，1 目もりは $\frac{1}{8}$ m です。

⑤ 小数は１ｍを 10 に分けて，じゅんに 0.1 m,
0.2 m, 0.3 m, …となります。分数も１ｍを
10 に分けると，じゅんに $\frac{1}{10}$ m, $\frac{2}{10}$ m,
$\frac{3}{10}$ m, …となります。

⑥ 0.7 kg は分数で表すと，$\frac{7}{10}$ kg です。もとの重
さをもとめるので，たし算になります。

⑦ １ｍ, 0.3 ｍを分母が 10 の分数で表してから計
算しましょう。

🎯 チャレンジテスト⑤　　p.62〜63

① 4 時間 30 分

② 午前 8 時 30 分

③ (式)5−(1.3+1.5)=2.2　　　　(答え)2.2 L

④ (1)(式)100+300+150+50=600
　　　　　　　　　　　　(答え)600 m
　　(2)(式)100+280+30+50=460
　　　　　　　　　　　　(答え)460 m

⑤ (1)(式)23 kg 600 g +21 kg 800 g
　　　=45 kg 400 g　　(答え)45 kg 400 g
　　(2)(式)28 kg −21 kg 800 g =6 kg 200 g
　　　　　　　　　　　　(答え)6 kg 200 g

⑥ (式)(6.5+9.5)×2=32　32÷4=8
　　　　　　　　　　　　(答え)8 cm

⑦ $\frac{3}{12}+\frac{2}{12}+\frac{4}{12}+\frac{2}{12}=\frac{11}{12}$　１km=$\frac{12}{12}$ km

　$\frac{12}{12}-\frac{11}{12}=\frac{1}{12}$　　　　(答え)$\frac{1}{12}$ km

---

📖 とき方

① 午後０時(午前 12 時)をもとにして，午前と午後
に分けて考えます。午前９時 30 分から午前 12
時までの時間，午後０時から午後２時までの時間
をそれぞれ計算してもとめます。
12 時−9 時 30 分=2 時間 30 分
2 時−0 時=2 時間
2 時間 30 分+2 時間=4 時間 30 分

② 10 時 10 分の 45 分後は 2 時間目が始まった時
こくです。その 10 分前は 1 時間目が終わった時
こく，さらにその 45 分前は 1 時間目が始まった
時こくになります。
10 時 10 分−45 分−10 分−45 分=8 時 30 分

---

③ 全部の油のりょうから使った油のりょうをひきま
す。

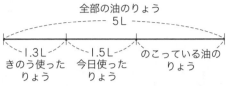

全部の油のりょう
5L
1.3L　　1.5L
きのう使った　今日使った　のこっている油の
りょう　　　りょう　　　りょう

④ 図をもとに，どの道を通っていくのかを考えてた
し算をします。

⑤ (1)たし算になります。g から kg へのたんいのく
り上がりに注意して，筆算でもとめましょう。
　　(2)ひき算になります。kg から g へのたんいのく
り下がりに注意して，筆算でもとめましょう。

⑥ まず，長方形のまわりの長さをもとめます。それ
が正方形のまわりの長さになります。正方形は 4
つの辺の長さが等しいので，1 辺の長さはまわり
の長さを 4 でわりましょう。

⑦ 4 日間に泳ぐきょりを合計した後，1 km=$\frac{12}{12}$ km
と考えてひき算をします。

🎯 チャレンジテスト⑥　　p.64〜65

① (式)245×26=6370
　　　6370 g =6 kg 370 g
　　　　　　　　　　　　(答え)6 kg 370 g

② (式)5−(1.4+2.7)=0.9　　　(答え)0.9 km

③ (式)3.5−(1.8+0.9)=0.8　　　(答え)0.8 L

④ (式)$\frac{3}{11}+\frac{2}{11}+\frac{5}{11}=\frac{10}{11}$　(答え)$\frac{10}{11}$ 時間

⑤ (1)(式)170+50=220　12×2=24
　　　220×24=5280
　　　5280 g =5 kg 280 g
　　　　　　　(答え)5 kg 280 g(5280 g)
　　(2)(式)4×5×2=40　220×40=8800
　　　8800+900=9700
　　　9700 g =9 kg 700 g
　　　　　　　(答え)9 kg 700 g(9700 g)

⑥ (式)$\frac{2}{8}+\frac{3}{8}+\frac{1}{8}=\frac{6}{8}$　　　　(答え)$\frac{6}{8}$ L

⑦ (式)$\frac{5}{5}-\left(\frac{2}{5}+\frac{2}{5}\right)=\frac{1}{5}$　　　(答え)$\frac{1}{5}$ L

⑧ $\frac{51}{60}$ 時間

📖 とき方

① (1 人分の重さ)×(クラスの人数)になります。g

---

⑯

のたんいで計算した後，kg と g のたんいになおしましょう。

② ハイキングコースの長さから歩いた長さの合計をひきます。

ハイキングコースの長さ
5km
1.4km はじめに歩いた長さ　休けい　2.7km 次に歩いた長さ　のこりの長さ

③ 3.5 L のお茶から水とうに入れたお茶の合計をひきます。

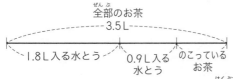

全部のお茶
3.5L
1.8L 入る水とう　0.9L 入る水とう　のこっているお茶

④ (家から公園まで歩いた時間)＋(公園から博物館までバスに乗った時間)＋(博物館にいた時間) です。

⑤ (1)ジュース | 本の重さは，(中身の重さ)＋(かんの重さ) です。また， | ダースは | 2 本なので 2 ダースの本数は，(12×2) 本となります。
(2)箱に入っているジュースの数は，たてに 4 本，横に 5 本，それが 2 だん入っているので，(4×5×2) 本です。全体の重さは，
(ジュース | 本分の重さ)×(本数)＋(箱の重さ) になります。

⑥ 図に表すとたし算になることがわかります。

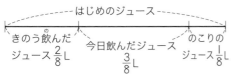

はじめのジュース
きのう飲んだジュース $\frac{2}{8}$ L　今日飲んだジュース $\frac{3}{8}$ L　のこりのジュース $\frac{1}{8}$ L

⑦ | L は分母を 5 にして，$\frac{5}{5}$ L と考えます。

全部のしょう油 | L
きのう使ったしょう油 $\frac{2}{5}$ L　今日使ったしょう油 $\frac{2}{5}$ L　のこりのしょう油

⑧ 国語と算数の宿題をした時間を合わせると，25＋26＝51 で，51 分です。
| 時間＝60 分 なので， | 分＝$\frac{1}{60}$ 時間 より，
51 分＝$\frac{51}{60}$ 時間

---

14 ぼうグラフと表

標準クラス　p.66〜67

❶ (1)| 人
(2)みかん，12 人
(3)9 人
(4)10 人
(5)4 倍
(6)35 人

❷ (1)①2 cm　②10 人　③50 円
(2)①14 cm　②80 人　③250 円

❸ (1)かし出した本の数
(2)さつ
(3)

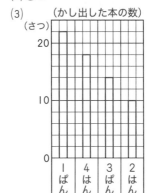

（かし出した本の数）
(さつ)
20
10
0
| ぱん　4 はん　3 ぱん　2 はん

とき方

❶ (1)たてじくの数字より， | 目もりが何人を表すかを考えましょう。
(2)いちばん人数が多いのは，12 人のみかんです。
(4)みかんがすきな人は 12 人，いちごがすきな人は 2 人なので，ちがいは 12−2＝10(人) です。
(5)りんごがすきな人は 8 人，いちごがすきな人は 2 人なので，8÷2＝4(倍) です。
(6)それぞれの人数を読み取って，たしましょう。
12＋8＋9＋2＋4＝35(人)

❷ (1)①0〜10 を 5 つに分けているので， | 目もりは，10÷5＝2(cm)
②0〜50 を 5 つに分けているので， | 目もりは，50÷5＝10(人)
③0〜100 を 2 つに分けているので， | 目もりは，100÷2＝50(円)

❸ (3)グラフの | 目もりは 2 さつであることに気をつけてぼうグラフをかきましょう。

1 (1)⑦ 15　④ 11　⑦ 19　④ 35　(2) 8人
(3)サッカー　(4)野球

2 (1)(カレー)13　(ハンバーグ)8　(おすし)6
(オムライス)5　(その他)3

(2)
すきな食べ物調べ

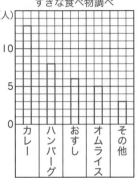

3 (1)5人　(2)1人　(3)4人　(4)木曜日
(5)20人

4 (1)西市，6月，18日
(2)西市…3倍　東市…2倍

━━━━━━━━ 📖 とき方 ━━━━━━━━

1 (1)⑦ 1組の合計が30人なので，サッカーいがいの人数の合計を計算してひきましょう。
30−(7+6+2)=15(人)
（サッカーの人数の合計から考えてもいいです。）

④ 3組の合計が33人なので，野球いがいの人数の合計を計算してひきましょう。
33−(16+5+1)=11(人)
（野球の人数の合計から考えてもいいです。）

⑦ ドッジボールの人数を，すべてたしましょう。
6+8+5=19(人)

④ 2組のスポーツの人数を，すべてたしましょう。18+6+8+3=35(人)

(3) 3組でサッカーがすきな人は16人，野球がすきな人は11人なので，サッカーがすきな人のほうが多いです。

(4) 3年生全体で野球がすきな人は24人，ドッジボールがすきな人は19人なので，野球がすきな人のほうが多いです。

2 (1)「正」の字は5画なので，数を数えやすいです。「正」の字を数字になおすと表がわかりやすくなります。

(2) 1目もりが1人であることに気をつけてぼうグラフをかきましょう。

3 問題に答える前に，表をすべてうめましょう。表は右のようになります。

(5)各組の人数の合計から計算すると，
6+2+8+4
=20(人)
となります。

休んだ人調べ

	月	火	水	木	金	合計
1組	1	1	2	0	2	6
2組	0	0	1	0	1	2
3組	3	1	2	0	2	8
4組	1	2	0	0	1	4
合計	5	4	5	0	6	20

ポイント 1週間で休んだ人の合計は各組の人数の合計をたしても，各曜日の人数の合計をたしてももとめることができます。どちらも計算することで，まちがいがないかのたしかめにもなります。

4 (1)1目もりが2日であることに気をつけて答えましょう。

(2)西市の7月の雨の日数は12日で，8月の雨の日数は4日なので，12÷4=3(倍) となります。東市の7月の雨の日数は16日で，8月の雨の日数は8日なので，16÷8=2(倍) となります。

15 円と球

1 しょうりゃく
2 ア
3 ウ
4 (式)14÷2=7　　　　　　　(答え)7cm
5 (式)27÷9=3　3−1=2　　(答え)2こ
6 (式)6×3=18　(6+18)×2=48
　　　　　　　　　　　　　(答え)48cm

━━━━━━━━ 📖 とき方 ━━━━━━━━

1 3.5cm=3cm5mm の長さにコンパスを開いて，円をかきます。

3cm5mm

2 それぞれの直線部分の長さをコンパスで下の直線に写しとって，調べます。

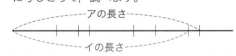
アの長さ
イの長さ

3 円はどこで切っても切り口は円になります。また,ちょうど半分に切ったときの切り口の円の直径がその球の直径になります。

4 直径=半径×2 なので, 半径=直径÷2 でもとめることができます。

5 つつの高さは 27 cm, ボールの直径は 9 cm なので, 27÷9=3 より, つつには 3 このボールが入ることがわかります。すでに 1 こ入っているので, のこり 3−1=2 より 2 こ入ることがわかります。

6 まず横の長さを考えましょう。直径 6 cm の円の 3 つ分の長さなので, 横の長さは 6×3=18(cm) とわかります。たての長さは 6 cm なので, たて 1 こ分と横 1 こ分の長さをたすと 6+18=24 (cm) で, まわりの長さはこの 2 つ分になるので, 式をひとつにまとめると, (6+18)×2=48(cm) となります。

▶ **ハイクラス**　　　　　　　　　　p.72〜73

1 しょうりゃく

2 (式)21÷3=7　7×2=14　　　(答え)14 cm

3 (式)6×3×2=36　　　　　　(答え)36 cm

4 (式)9×2=18　3×2=6　18+6=24
　　　　　　　　　　　　　　　(答え)24 cm

5 (式)5×9=45　10+45=55　(答え)55 cm

6 (1)(式)32÷4=8　8÷2=4　　(答え)4 cm
　　(2)(式)4×3=12　12×4=48　(答え)48 cm

7 (式)32÷4=8　8÷3=2 あまり 2
　　　　　　　　　　　　　　　(答え)黄色

📖 **とき方**

1 (1)半径が 4 マスの円の一部分でできている図形です。4 つの角を中心にして円をかきましょう。
　　(2)半径が 2 マスの円と同じ半径の円の一部分でできている図形です。真ん中を中心に半径 2 マスの 1 つの円をかき, さらに 4 つの角を中心にして円をかきましょう。

2 21 cm のはばにボールが 3 つすき間なく入っているので, 直径をもとめる式は, 21÷3=7(cm) となります。⑦は直径 2 つ分の長さなので, 7×2=14(cm) となります。

3 次の図のように, 大きい円の中心から真上に直線をひくと, 大きい円の半径は, 小さい円の半径の 3 つ分であることがわかります。また, アの長さは大きい円の直径なので, 式は, 6×3×2=36 (cm) となります。

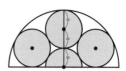

4 下の図のように, いちばん大きい円の中に, 半径 9 cm の円と半径 3 cm の円が 1 こずつぴったりと入ることがわかります。

5 10 こ円をかくと, はじめの 1 こは 10 cm で 1 こ円がふえるごとに 5 cm ずつ長くなることがわかります。よって, はじめの 1 この 10 cm にのこりの 9 この 5×9=45(cm) をたすとアイの長さをもとめることができます。

6 (1)四角形は, 辺の長さがすべて等しいので正方形です。1 辺の長さはまわりの長さが 32 cm なので, 32÷4=8(cm) です。また, 図から 1 辺は円の直径の 2 つ分とわかるので, 直径は 8÷2=4(cm) であるとわかります。
　　(2)円を 7 こつけると, 正方形の 1 辺の長さは直径 3 つ分なので, 正方形の 1 辺の長さは, 4×3=12(cm) です。まわりの長さは 4 辺あるので, 12×4=48(cm) とわかります。

7 まずはじめに, 32 cm のつつの中に直径 4 cm のボールが何こ入るかを考えましょう。32÷4=8 より 8 こ入ります。また, 赤, 黄, 青のじゅんに入れていくので, 赤, 黄, 青の 3 つを 1 組と考えると, 8÷3=2 あまり 2 より, 2 組とあと 2 こボールが入ります。よって, さいごのボールは黄色であることがわかります。

---

16 三角形

Y 標準クラス　　　　　　　　　　p.74〜75

1 しょうりゃく

2 (1)イ, ウ　(2)エ, オ, カ

3 (式)21÷3=7　　　　　　　(答え)7 cm

4 (式)15×9=135　　　　　　(答え)135 cm

5 答え…正三角形
　　わけ…(れい)三角形の 3 つの辺は, どれも円の半径 2 つ分の長さになるから。

6 (1)二等辺三角形　(2)正三角形

(3)二等辺三角形

📖 **とき方**

❶ 下の図のようにコンパスを使ってかきます。

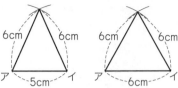

❷ どの辺が等しくなっているかを考えましょう。

❸ 正三角形は3辺の長さがすべて等しいので，1辺の長さをもとめる式は，21÷3=7(cm)となります。

❹ 同じ大きさの正三角形が3つあるので，3×3=9で15cmの辺が9辺あることになります。よって，まわりの長さをもとめる式は，15×9=135(cm)となります。

❺ 円の半径はすべて等しいので，三角形の3辺の長さはすべて，半径×2=4×2=8(cm)になります。よって，正三角形です。

❻ (1)辺アイ，辺アウの2辺は半径なので同じ長さです。辺イウだけが長さがちがうので，三角形アイウは二等辺三角形です。

(2)辺アエ，辺アオの2辺は半径なので同じ長さです。問題文より，辺アエと辺エオの長さは同じなので，3辺とも同じ長さであることがわかります。よって，三角形アエオは正三角形です。

▶ **ハイクラス** p.76〜77

❶ 15cmと15cm，
20cmと10cm(10cmと20cm)

❷ (1)(式)4×2=8 8−4=4 （答え）4cm
(2)(式)7+4=11 11−8=3
（答え）アウエが3cm長い。

❸ (1)二等辺三角形 (2)二等辺三角形
(3)正三角形

❹ (1)直角二等辺三角形 (2)正三角形
(3)二等辺三角形

❺ (1)8cm (2)8cm

❻ 答え…二等辺三角形
わけ…(れい)アイ，アウはどちらも円の半径で長さが等しいから。

📖 **とき方**

❶ ① 20cmを切ったのこりの 50−20=30(cm)を半分にして等しい2つの辺とする場合は，30÷2=15(cm)が2本です。

② 二等辺三角形の等しい2つの辺の長さを20cmとする場合は，のこりの30cmを，20cmと10cmに分けます。

❷ (1)三角形アイエは正三角形なので，3つの辺の長さはすべて4cmです。アイエの長さは2つ分の辺の長さなので，4×2=8(cm)
よって，長さのちがいは，8−4=4(cm)となります。

(2)三角形アウエは二等辺三角形なので，ウエの長さは4cmです。よって，アウエの長さは，7+4=11(cm)です。アイエの長さは(1)より8cmなので，アウエのほうが長く，ちがいは，11−8=3(cm)となります。

❸ おった紙を開いたとき，下の辺の長さは2倍になることに気をつけて答えましょう。また，おって重なっているななめの2辺は，開いたときに同じ長さになります。

(3)下の辺が 4×2=8(cm) となり，3つの辺の長さがすべて8cmの正三角形になります。

❹ (1)ななめの2つの辺の長さは等しく，さらにいちばん上にある角の大きさは，45°×2=90°で直角なので，直角二等辺三角形となります。

❺ 三角形アイウは正三角形で，さらに三角形アウエはウエとウアの長さが等しい二等辺三角形なので，アイ，イウ，ウア，ウエの4つの辺はすべて8cmとなります。

🎯 **チャレンジテスト⑦** p.78〜79

❶ (1)8人 (2)9人 (3)ノート (4)30人
❷ (1)(式)27÷3=9 （答え）9cm
(2)(式)9+8=17 （答え）17cm
❸ (1)10分 (2)(3)次の図

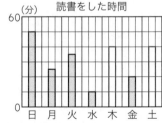

読書をした時間

(4)日曜日，火曜日，木曜日，土曜日
(5)3時間40分
❹ 15cm

📖 **とき方**

❶ 問題に答える前に，表をすべてうめましょう。表は次のようになります。

わすれ物調べ

	月	火	水	木	金	合計
教科書	2	2	0	1	3	8
ノート	3	1	1	2	2	9
消しゴム	1	2	0	3	1	7
えん筆	2	1	1	0	2	6
合　計	8	6	2	6	8	30

(1)月曜日にわすれ物をした人の合計は，
2+3+1+2=8(人) です。

(2)1週間でノートをわすれた人の合計は，
3+1+1+2+2=9(人) です。

(4)69 ページの③と同じように合計は，曜日ごと
の合計をたしても，わすれた物の合計をそれぞ
れたしてももとめることができます。どちらで
も計算してみましょう。

② (1)正三角形の3つの辺の長さは等しいので，1
辺の長さは 27÷3=9(cm) です。

(2)二等辺三角形の辺アイの長さは，正三角形の
1辺よりも 8 cm 長いので，9+8=17(cm) です。

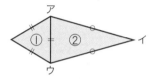

ポイント 図形を考える問題では，上の図のよう
に，長さの等しい辺にしるしをつけて
おくとわかりやすくなります。

③ (1)たてのじくを見ると，1目もりは 60 分を6つ
に分けているので，1目もりは 60÷6=10
(分) となります。

(2)金曜日は 20 分読んでいて，木曜日はその2
倍なので，20×2=40(分) です。

(3)水曜日は 10 分読んでいて，土曜日はその4
倍なので，10×4=40(分) です。

(5)50 分+25 分+35 分+10 分+40 分+20 分
+40 分=220 分=3 時間 40 分

④ 大きい円の直径は小さい円の直径の3つ分です。
アの長さは小さい円と大きい円の直径を合わせた
長さなので，小さい円の直径の4つ分です。よっ
て，小さい円の直径は，40÷4=10(cm)
大きい円の直径は 10×3=30(cm) なので，半
径は，30÷2=15(cm)

---

① (1)(式)5×7=35　　　　　(答え)35 こ
(2)(式)6×5=30　　　　　(答え)30 cm
(3)(式)2.5×2=5　5×5=25
5×7=35
(答え)たて 25 cm　横 35 cm

② 正三角形

③ (式)18÷3=6　6×2=12　12×6=72
(答え)72 cm

④ 13 こ

⑤ (れい)四角形アイウエは正方形なので，アイ
とイウの長さは等しい。また，三角形イウオ
は正三角形なので，イウとオイの長さは等し
い。だから，アイとオイの長さも等しいので，
三角形アイオは二等辺三角形になる。

📖 とき方

① (1)たてに 5 こ，横に 7 こすき間なく入っている
ので，5×7=35(こ) となります。

(2)たてには，直径 6 cm のボールは 5 こ入ってい
るので，6×5=30(cm) となります。

(3)半径が 2.5 cm なので，このボールの直径は，
2.5×2=5(cm) です。たてには，直径 5 cm
のボールが 5 こ入っているので，
5×5=25(cm)
横には 7 こ入っているので，5×7=35(cm) と
なります。

② 直径 8 cm なので，半径は 4 cm です。
イウの長さが 4 cm のとき，アイウをつないだ三
角形は 3 つの辺がどれも等しいので正三角形にな
ります。

③ 右の図のように，大きい円
の中心から真上に直線をひ
くと，大きい円の半径の中
には，小さい円の半径が 3
つ入ることがわかります。
大きい円の半径は 18 cm
なので，小さい円の半径は，
18÷3=6(cm) です。

よって，小さい円の中心をむすんでできる図形
(正六角形)の1つの辺の長さは，小さい円の半径
2つ分なので，6×2=12(cm) となります。よっ
て，もとめる図形のまわりの長さは，辺が 6 本あ
るので，12×6=72(cm) となります。

④ 下の図のように，3しゅるいの大きさの正三角形が考えられます。

 ⑦　 ⑦　⑦

⑦の大きさの正三角形は9こ，⑦の大きさの正三角形は3こ，⑦の大きさの正三角形は1こなので，全部で，9+3+1=13(こ)

17 いろいろな問題 ①

標準クラス　p.82～83

❶ 1069 円
❷ 34 本
❸ 30 人
❹ 12 本
❺ (1)31 kg 200 g　(2)29 kg 400 g
❻ 16 km 800 m
❼ 15 cm

📖 とき方

❶ ノート3さつの代金は，118×3=354(円)
色えん筆セットと合わせて，
354+715=1069(円)

❷ 配ったバラの花の数は，4×7=28(本)
6本あまっているので，はじめにあったバラの数は，28+6=34(本)

❸ 人数は全部で，25×6=150(人)
これを5つの組に分けるので，150÷5=30(人)

❹ 3本ずつ8人に分けたので，えん筆の数は全部で，
3×8=24(本)
これが2箱に入っていたので，1箱の本数は，
24÷2=12(本)

❺ (1)同じたんいどうしを計算します。
27 kg 200 g+4 kg=31 kg 200 g
(2)31 kg 200 g-1 kg 800 g
=30 kg 1200 g-1 kg 800 g=29 kg 400 g

❻ 1週間は7日なので3週間は，7×3=21(日)
1日に800 m走るので，
800×21=16800(m)
16800 m=16 km 800 m

❼ 右の図のように，線をひくと，まわりの長さは，正三角形の辺5つ分であることがわかります。

3×5=15(cm)

➡ ハイクラス　p.84～85

❶ (1)950 円　(2)350 円
❷ 6日
❸ 28 cm
❹ $\frac{3}{10}$ m
❺ 3.2 L
❻ (1)7番目　(2)4人

📖 とき方

❶ (1)きなこもちの代金は，198×2=396(円)
いちご大福の代金は，264×2=528(円)
よって，全部の代金は，396+528=924(円)
おつりが26円だったので，出したお金は，
924+26=950(円)
(2)きなこもちの代金は，198×3=594(円)
いちご大福の代金は，264×4=1056(円)
2000円出したので，おつりは，
2000-(594+1056)=350(円)

❷ 12人ですると4日かかるので，この仕事のりょうを12×4=48であると考えます。
この「48」の仕事のりょうを8人でするので，
48÷8=6(日)かかります。

❸ たての長さが21 cmでボールが3つ入っていることからボール1つの直径は，
21÷3=7(cm)
アは箱の横の長さで，ボールがすき間なく4つ入っているので，7×4=28(cm)

❹ まず，小数を分数になおすと，0.6=$\frac{6}{10}$です。
2回目に使った長さとのこりの長さを合わせると，
$\frac{6}{10}+\frac{1}{10}=\frac{7}{10}$(m)
よって，1回目に使った長さは，
$1-\frac{7}{10}=\frac{3}{10}$(m)

❺ 水とうに入る水のりょうは，
160×5=800(mL)
やかんに入る水のりょうは，
800×4=3200(mL)
したがって，3000 mL=3 L，200 mL=0.2 L
なので，3200 mL=3.2 L
べつのとき方　水とうに入る水のりょうは，コップに入るりょうの5倍なので，やかんに入る水のりょうはコップに入るりょうの5×4=20(倍)です。

よって，160×20＝3200(mL) → 3.2L

6 次のように 22 この○をかいて考えます。

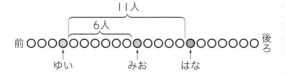

18 いろいろな問題 ②

1 (1)9(つ)　(2)10本
2 20人
3 29本
4 △
5 (1)白石　(2)9こ
6 (1)白石　(2)28こ

とき方

1 (1)45m を 5m ずつ分けているので，
　　45÷5＝9
　(2)図のように，木と木の間の数が9のとき，
　　木の数は 9＋1＝10(本)

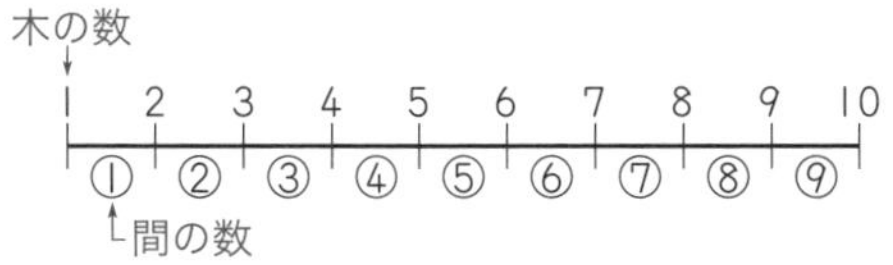

木の数

```
 1  2  3  4  5  6  7  8  9  10
 ①  ②  ③  ④  ⑤  ⑥  ⑦  ⑧  ⑨
        └間の数
```

2 間の数は 180÷9＝20 なので，立っている人の
数は 20 人になります。

ポイント
1のようにまっすぐな道に木を植える
ときは，木の数＝間の数＋1
2のように丸い形などのまわりに人が立つとき
は，人の数＝間の数

3 木と木の間の数は 150÷5＝30 です。両はしに
木を植えないとき，木の本数は「木と木の間の数
－1」です。
30－1＝29(本)

4 「○△□×」を1グループとしたときに，22番
目までに何グループあるかを考えます。
22÷4＝5 あまり 2 なので，5グループあり，そ
の後2こならんでいるので，22番目にならぶの
は「○△□×」の2つ目の△になります。

5 (1)石は「○●●●」という4こずつのまとまり
がくり返されています。
「○●●●」を1グループとしたときに，41

番目までに何グループあるかを考えます。
41÷4＝10 あまり 1 なので，10グループあ
り，その後1こならんでいるので，41番目に
ならぶのは白石になります。
(2)35÷4＝8 あまり 3 より，35番目までに8グ
ループあり，その後3こならんでいることがわ
かります。1つのグループに白石は1こ，のこ
りの3こにも白石は1こなので，
8＋1＝9(こ)

6 (1)石は「●○○●●○」という6こずつのまと
まりがくり返されています。
「●○○●●○」を1グループとしたときに，
48番目までに何グループあるかを考えます。
48÷6＝8 なので，ちょうど8グループありま
す。よって，48番目にならぶのは「●○○●
●○」のさいごの白石になります。
(2)55÷6＝9 あまり 1 より，55番目までに9グ
ループあり，その後1こならんでいることがわ
かります。1つのグループに黒石は3こ，のこ
りの1こは黒石なので，
3×9＋1＝28(こ)

1 40m
2 60秒
3 (1)30本　(2)210m
4 (1)8　(2)177
5 (1)8　(2)156

とき方

1 木と木の間の数は，7－1＝6
240m を 6こに分けるので，木と木の間の長さ
は 240÷6＝40(m)

2 1階から5階までの間の数は，5－1＝4
1階から2階まで上がるのに，20÷4＝5(秒) か
かります。また，6階から18階までの間の数は，
18－6＝12 なので，かかる時間は，
5×12＝60(秒)

3 (1)たて 36m，横 54m の長方形の土地のまわり
の長さは，(36＋54)×2＝180(m)
くいとくいの間の数は，180÷6＝30 で，く
いの数は「くいとくいの間の数」と同じになり
ます。
(2)くいの数は 30 本なので，くいにまきつける
ロープの長さは 1×30＝30(m) です。土地の
まわりの長さは 180m なので，全部のロープ
の長さは，30＋180＝210(m)

左側

4 (1)数字は「1，4，2，8，5，7」という6こずつのまとまりがくり返されています。
「1，4，2，8，5，7」を1グループとすると
40÷6＝6 あまり 4 なので，40番目までに6グループと4この数字がならぶことがわかります。したがって，40番目の数は8です。
(2)1グループの数の合計は，
1＋4＋2＋8＋5＋7＝27
したがって，
27×6＋1＋4＋2＋8＝177

5 (1)1＋2＋3＋4＋5＋6＋7＝28 より，28番目は7番目の7です。
したがって，30番目は2番目の8になります。
(2)1×1＝1　2×2＝4　3×3＝9　4×4＝16
5×5＝25　6×6＝36　7×7＝49
8×2＝16
したがって，
1＋4＋9＋16＋25＋36＋49＋16＝156

19 いろいろな問題 ③

1 40
2 60人
3 22
4 10
5 48こ
6 姉90cm　妹30cm
7 あめ11円　ガム9円
8 えん筆60円　消しゴム50円

📖とき方

1 大きい数と小さい数をたすと63で，大きい数は小さい数より17大きいことから，下のような図で考えます。大，小の数の合計63に17をたすと，大きい数の2倍になります。
したがって，大きい数は，(63＋17)÷2＝40

大 ┣━━━━━━━┳╌╌17╌╌┫
小 ┣━━━━━━━┫   ┃合計63

👆ポイント　小さい数は次のようにもとめることができます。
大，小の数の合計63から17をひくと，小さい数の2倍になるので，小さい数は，
(63－17)÷2＝23

右側

2 男子の人数は女子の人数より10人多いので，女子の人数の2倍の人数は，
130－10＝120(人)
したがって，女子の人数は，
120÷2＝60(人)

3 下の図のように，アはイより6大きく，ウより3＋6＝9 大きいので，アの3倍の数は，
51＋6＋9＝66
したがって，アは 66÷3＝22

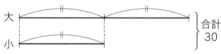

4 下のような図で考えると，2つの数の合計である30を 2＋1＝3 でわれば，小さいほうの数がもとめられることがわかります。
30÷(2＋1)＝10

大 ┣━╫━━╫━┫合計30
小 ┣━╫━┫

5 みさきさんのみかんの数は，
56÷(6＋1)＝8(こ)
したがって，ひろとさんのみかんの数は，
8×6＝48(こ)

6 妹のリボンの長さは，
120÷(3＋1)＝30(cm)
姉のリボンの長さは，
30×3＝90(cm)

7 問題文から，
あめ3こ＋ガム5こ＝78円 …①
あめ3こ＋ガム1こ＝42円 …②
①の式と②の式から，78－42＝36(円)はガム
5－1＝4(こ)の代金になることがわかります。

　　あめ　　　　　ガム
あ あ あ ガ｜ガ ガ ガ ガ　78円

あ あ あ ガ　　　　　42円
　　　　　　　ガム4こが
　　　　　　　(78－42)円

ガム1このねだんは，36÷4＝9(円)
したがって，②の式より，あめ3こ＋9円＝42
円 となるので，あめ3この代金は，
42－9＝33(円)
よって，あめ1このねだんは，
33÷3＝11(円)

8 問題文から，
えん筆1本＋消しゴム1こ＝110円 …①
えん筆5本＋消しゴム2こ＝400円 …②
①の式を2倍すると，
えん筆2本＋消しゴム2こ＝220円 …③

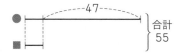

②の式と③の式から，400−220=180（円）は
えん筆 5−2=3（本）の代金になることがわかり
ます。えん筆1本のねだんは，180÷3=60（円）
消しゴム1このねだんは，110−60=50（円）

📑 **ハイクラス**　　　　　　　　p.92〜93

1 50点

2 4

3 たて9cm　横27cm

4 29才

5 ひとみさん47本　ゆうじさん6本

6 さくらさん9才　妹5才

7 みかん90円　なし150円

8 えん筆60円　ノート100円

📖 **とき方**

1 ゆうとさんとしょうさんは 25+18=43（点）の
ちがいがあります。しょうさんの点数は，
218−25−43=150　150÷3=50（点）

（図：しょう／ひろき／ゆうと　25点，18点　合計218点）

2 1から10までの数をすべてたすと 55 になりま
す。9こたしたものを●，のこり1この数を■と
すると，●+■=55，●−■=47 となります。
したがって，■=（55−47）÷2=4

（図：●，■　47　合計55）

3 長方形のまわりの長さは，（たて+横）×2 なので，
たて+横=72÷2=36（cm）
たての長さと横の長さの合計が 36cm で，横の
長さはたての長さの3倍なので，[標準クラス]
の**4**と同じように考えます。たての長さは，
36÷（3+1）=9（cm）
横の長さは，9×3=27（cm）

4 お母さんの年れいに3才をたすと，ひろみさんと
お母さんの年れいの合計は，37+3=40（才）で
す。これは，ひろみさんの年れいの 1+4=5（倍）
になるので，ひろみさんの年れいは，
40÷5=8（才）
お母さんの年れいは，8×4−3=29（才）

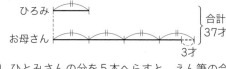

5 ひとみさんの分を5本へらすと，えん筆の合計は
53−5=48（本）になります。これはゆうじさん
の本数の 1+7=8（倍）になるので，ゆうじさん
の本数は，48÷8=6（本）
ひとみさんの本数は，6×7+5=47（本）

6 下の図のようになるので，妹の年れいは，
4+1=5（才）
さくらさんの年れいは，5×2−1=9（才）

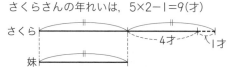

7 問題文から，
みかん5こ+なし4こ=1050円 …①
みかん4こ+なし8こ=1560円 …②
①の式を2倍すると，
みかん10こ+なし8こ=2100円 …③
②の式と③の式から，2100−1560=540（円）
は，みかん10−4=6（こ）の代金になることがわ
かります。よって，みかん1このねだんは，
540÷6=90（円）
みかん5ことなし4こが 1050円なので，なし
1このねだんは，
90×5=450　（1050−450）÷4=150（円）

8 問題文から，
えん筆2本+ノート3さつ=420円 …①
えん筆3本+ノート2さつ=380円 …②
①の式を3倍すると，
えん筆6本+ノート9さつ=1260円 …③
②の式を2倍すると，
えん筆6本+ノート4さつ=760円 …④
③の式と④の式から，1260−760=500（円）は
ノート 9−4=5（さつ）の代金になることがわか
ります。よって，ノート1さつのねだんは，
500÷5=100（円）
えん筆2本とノート3さつが 420円なので，え
ん筆1本のねだんは，
100×3=300　（420−300）÷2=60（円）

🎯 **チャレンジテスト⑨**　　　　p.94〜95

1 2kg

2 121cm

3 166

4 33

⑤ (1)34 (2)ア9 イ12 ウ13
⑥ 7
⑦ 210円

╭──────── 📖とき方 ────────╮

① 900g=0.9kg で, お父さんが買ってきたさ
　 うの重さを□kgとすると,
　　　　1.8−0.9−0.6+□=2.3
　　　　　　　　　□=2.3−1.8+0.9+0.6
　　　　　　　　　□=2
　 となり, お父さんが買ってきたさとうは, 2kg
　 になります。

② 7cm の紙が 20 まいあるので, 全部で,
　 20×7=140(cm)
　 のりしろでつなぐ部分は, 紙のまい数より1少な
　 く数えるので, 20−1=19(か所)
　 よって, のりしろ部分は, 1×19=19(cm) です。
　 テープの長さは, 140−19=121(cm)

③ ならんでいる数は,「2, 4, 6, 5, 2, 1」の6
　 この数のくり返しです。50÷6=8あまり2 と
　 なるので, 50番目の数までに「2, 4, 6, 5,
　 2, 1」を8回くり返し, その後2, 4とならび
　 ます。
　 したがって,
　 (2+4+6+5+2+1)×8+(2+4)=166

④ ア+イ+ウ=133 で, イはウより7大きく, アは
　 ウより 7+20=27 大きくなります。
　 いちばん小さい数のウにそろえて, ウをもとめる
　 と, 133−(7+27)=99　99÷3=33

⑤ (1)問題文より,
　　 ア+イ=21　イ+ウ=25　ウ+ア=22
　　 ア+イ+イ+ウ+ウ+ア=(ア+イ+ウ)×2 で,
　　 21+25+22=68 なので,
　　 (ア+イ+ウ)×2=68
　　 したがって, ア+イ+ウ=68÷2=34
　 (2)ア+イ+ウ=34 …①
　　 ア+イ=21 …②
　　 ①と②の式から, ウ=34−21=13
　　 同様に, ア=34−25=9, イ=34−22=12

⑥ 次のように一の位の数字だけ見ると,「3, 9, 7,
　 1」の4この数のくり返しになっていることがわ
　 かります。
　　 <u>3</u>, 3×3=<u>9</u> →3×3×3=2<u>7</u>, 3×3×3×3=8<u>1</u>,
　　 3×3×3×3×3=24<u>3</u>, ……
　　 35÷4=8あまり3 なので,「3, 9, 7, 1」の
　　 3番目の数である7になります。

⑦ パンとシュークリームを6こずつ買って1800
　 円になったので, パン1ことシュークリーム1こ

のねだんの合計は, 1800÷6=300(円)
シュークリームのねだんはパンのねだんより
110+10=120(円) 高いです。パン1このねだ
んを■円, シュークリーム1このねだんを●円と
すると, ●+■=300, ●−■=120 となります。
●=(300+120)÷2=210(円)

╭─ 🎯 チャレンジテスト⑩ ─╮ ┃ p.96〜97 ┃

① 180
② (1)36羽　(2)40羽　(3)40羽
③ 30cm
④ 374
⑤ (1)41　(2)16だん目の5列

╭──────── 📖とき方 ────────╮

① 図に表すと下のようになります。
　 合計の270はウの 1+2+6=9(倍) になるので,
　 ウ=270÷9=30
　 したがって, ア=30×2×3=180

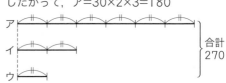

② (1)4はんが2はんにつるを18羽あげるとする
　　 と, はじめおった数より, 4はんは18羽少な
　　 くなり, 2はんは18羽多くなります。したが
　　 って, はじめに4はんは2はんより,
　　 18+18=36(羽) 多かったことがわかります。
　 (2)問題文の①と(1)より, 1ぱんは3ぱんより
　　 4+36=40(羽) 少ないことがわかります。

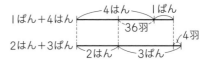

　 (3)問題文の②と(2)から,
　　 1ぱんのつるの数+3ぱんのつるの数=120
　　 3ぱんのつるの数−1ぱんのつるの数=40
　　 1ぱんのつるの数は, (120−40)÷2=40(羽)

③ ポスターとポスターの間の数と, ポスターとけい
　 じ板のはしとの間の数を合わせると, 8+1=9
　 (か所)あるので, 全部で 3×9=27(cm)
　 ポスター1まいの横はばは,
　 (267−27)÷8=30(cm)

④ ならんでいる数を, 次のように区切って, それぞ
　 れの数字のこ数を考えます。
　　 2|4, 4|6, 6, 6|8, 8, 8, 8|10, …
　　 1こ 2こ　　 3こ　　　　 4こ　　　…

1+2+3+4+5+6+7=28(こ)で，
1+2+3+4+5+6+7+8=36(こ)なので，30番
目の数字と同じ数字が 36 番目までならびます。
30番目の数字は 8×2=16 なので，
16 が 36−29=7(こ) ならぶことになります。
37番目から 36+9=45(番目) までは，
9×2=18 が 9 こ，46 番目から 50 番目では
20 が 5 こならびます。
16×7=112，18×9=162，20×5=100 な の
で，112+162+100=374

⑤ (1) 2 だん目より下の 1 列の数は，
（前のだん数を 2 回かけた数）+1
になっています。たとえば，4 だん目の 1 列の
数は，3×3+1=10 となっています。
7 だん目の 1 列の数は 6×6+1=37 で，5 列
なので，37+(5−1)=41

(2)15×15=225 より，16 だん目の 1 列は，
225+1=226
したがって，230 は，230−226+1=5(列)

ポイント 同じ数を 2 回かけた数をおぼえておく
とべんりです。
10×10=100，11×11=121
12×12=144，13×13=169
14×14=196，15×15=225
16×16=256，17×17=289
18×18=324，19×19=361
20×20=400

🏁 **そう仕上げテスト①** p.98〜99

① (式)45÷5=9　9+3=12
(答え)12 まい

② (1)(式)25×6=150　　　　(答え)150 円
(2)(式)150×8=1200　　　(答え)1200 円

③ (1)(式)1 km 700 m=1.7 km
800 m=0.8 km　1.7−0.8=0.9
(答え)家から公園までが 0.9 km 遠い。
(2)(式)800 m=0.8 km
1 km 700 m=1.7 km
0.8+1.7=2.5　　　　(答え)2.5 km

④ (1)午前 9 時 5 分
(2)5 時間 50 分

⑤ (式)12×5=60　60÷10=6
(答え)6 たば

⑥ (式)$\frac{3}{7}+\frac{4}{7}=\frac{7}{7}=1$　　　(答え)1 L

---

⑦ (式)1800−(700+200)=900
(答え)900 g

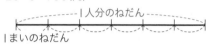 📖 **とき方**

① クッキーがのっている皿は，45÷5=9(まい)
次の図のように，用意していた皿の数は，クッキ
ーがのっている皿の数とのこっている皿の数を合
わせたまい数になるので，9+3=12(まい)

―――用意していた皿の数―――
クッキーがのっている皿の数　のこりの皿の数

② (1)1 まい 25 円の画用紙を 1 人に 6 まいずつ買
ったので，1 人分の代金は，
25×6=150(円)

―――1 人分のねだん―――
1 まいのねだん

(2)(1)より，1 人分の代金が 150 円なので，8 人
分の代金は，150×8=1200(円)

―――全部のねだん―――
1 人分

③ (1)はじめに，答えが km で問われているので，
km になおして，計算をしましょう。
また，m になおして計算をした後に，m を km
になおしてもかまいません。
1 km 700 m=1700 m なので，もとめる式は，
1700−800=900
よって，900 m=0.9 km とわかります。

(2)(1)と同じようにたんいをそろえてから計算し
ましょう。小学校から公園までの道のりは，小
学校から家までの道のりと，家から公園までの
道のりをたせばもとめることができます。

ポイント 1 km=1000 m なので，1 km を 10
こにわけた 1 つ分，すなわち，
0.1 km=100 m です。よって，800 m=0.8 km，
1 km 700 m=1.7 km です。

④ (1)午前 8 時 40 分に学校を出て，25 分で工場に
着いたので，
8 時 40 分+25 分=8 時 65 分=9 時 5 分
よって，午前 9 時 5 分となります。

(2)午前 8 時 40 分に学校を出て，午後 2 時 30 分
に学校に帰ってきたので，時こくが午前と午後
にまたがっています。
このような場合には，午前 12 時（= 午後 0 時）
までに何時間，午後 0 時（= 午前 12 時）から何
時間と考え，さいごに合わせて何時間何分にな
るかを考えます。

午前8時40分から午前12時までの時間は、
12時−8時40分＝3時間20分
また、午後0時から午後2時30分までの時間
は、2時間30分なので、
3時間20分＋2時間30分＝5時間50分

⑤ 1ダースは12本なので、5ダースでは、
12×5＝60(本)
これを10本ずつたばにするので、たばは
60÷10＝6(たば)

⑥ 下の図のように、はじめのジュースのりょうは、
飲んだジュースのりょうとのこったジュースのり
ょうをたすともとめることができます。

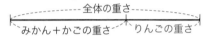
─ はじめのジュース ─
飲んだジュース ｜ のこったジュース

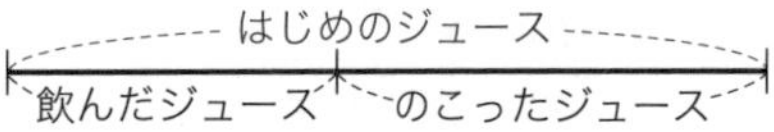

⑦ 下の図のように、りんごの重さは、全体の重さか
らみかんとかごの重さの合計をひけばもとめるこ
とができます。

─ 全体の重さ ─
みかん＋かごの重さ ｜ りんごの重さ

そう仕上げテスト② p.100〜101

① (式)650×3＝1950 2000−1950＝50
（答え）50円

② (1)(式)38÷4＝9あまり2 （答え）9きゃく
(2)(式)9+1＝10 （答え）10きゃく

③ (式)8×□＋3＝59
(59−3)÷8＝7 （答え）7人

④ (式)125×12＝1500 （答え）1500円

⑤ (式)75×3＝225 225×8＝1800
（答え）1800円

⑥ (式)(7.6+12.4)×2＝40
13×3＝39 40−39＝1
（答え）長方形が1cm長い。

⑦ (1)(式)6324−5896＝428
（答え）女の人が428人多い。
(2)(式)5896+6324＝12220
（答え）12220人

⑧ (式)6×2＝12 12×2＝24
12×3＝36 (24+36)×2＝120
（答え）120cm

⑨ (式)135×6＝810 45×12＝540
1500−(810+540)＝150
（答え）150円

とき方

① 本3さつ分の代金は、650×3＝1950(円)
よって、おつりは出したお金からひいて、
2000−1950＝50(円)

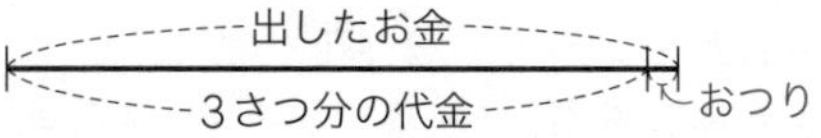

─ 出したお金 ─
─ 3さつ分の代金 ─｜ おつり

② 38人の子どもが1きゃくに4人ずつすわるので、
式は、38÷4＝9あまり2 となります。
(1)4人の子どもがすわっている長いすは9きゃ・
くです。(あまりの2人は数えません。)
(2)あまりの2人にも長いすを用意してあげない
といけないので、長いすの数は、
9+1＝10(きゃく)

③ 配った人数を□とすると、59まいを8まいずつ
配って、3まいのこったので、
8×□＋3＝59 と表すことができます。

ポイント 「わられる数＝わる数×商＋あまり」
のかんけいをしっかりおぼえておきま
しょう。

④ 1ダースは12本なので、1本125円のジュー
スを1ダース買うと、全部の代金は、
125×12＝1500(円)

─ 全部の代金 ─
1本のねだん｜ 12本買った

⑤ 75円のチョコレートを1人に3こずつあげるの
で、1人分の代金は、75×3＝225(円)
これを8人の子どもにあげるので、全部の代金は
225×8＝1800(円)

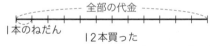
1こ75円 ─×3→ 1人分 ─×8→ 全部
─×(3×8)─

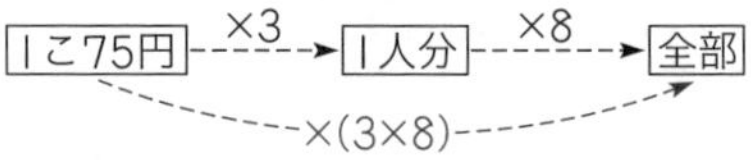

べつのとき方 上の図からわかるように、1こ
75円のチョコレートが全部で何こひつようかを
先に考えてもいいです。
1人3こで8人にあげるので、チョコレートは全
部で 3×8＝24(こ) ひつようです。よって、
75×24＝1800(円)

⑥ 長方形のまわりの長さは、(たて＋横)×2になる
ので、(7.6+12.4)×2＝40(cm)
正三角形のまわりの長さは、3つの辺の長さが等
しいので、(1つの辺の長さ)×3になります。
よって、13×3＝39(cm)です。長いほうから短
いほうをひいて、ちがいは、40−39＝1(cm)で
長方形のほうが長いです。

⑦ (1)女の人の人数は6324人、男の人の人数は
5896人なので、女の人の人数のほうが多いで

す。

ちがいをもとめるには，多いほうから少ないほうをひきましょう。

よって，ちがいは，6324−5896=428(人)

(2)人口全部をもとめるには，男の人の人数と女の人の人数をたしましょう。

よって，5896+6324=12220(人)

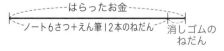

⑧ 半径が6cmなので，ボールの直径は，
6×2=12(cm)

たてにはボールが2こ入っているので，たての長さは，12×2=24(cm)

横にはボールが3こ入っているので，横の長さは，12×3=36(cm)

長方形のまわりの長さは，(たて+横)×2になるので，(24+36)×2=120(cm)

⑨ はじめに，ノート6さつとえん筆1ダースの代金をそれぞれもとめましょう。

ノートは1さつ135円なので，ノート6さつの代金は，135×6=810(円)

えん筆は1本45円で，1ダースは12本なので，えん筆1ダースの代金は，45×12=540(円)

よって，はらったお金から，ノート6さつとえん筆1ダースを合わせた代金をひいて，消しゴムの代金は，1500−(810+540)=150(円)

🏁 そう仕上げテスト③　p.102〜104

① (1)2人
(2)いちごで，14人
(3)(式)12÷4=3　　　(答え)3倍
② (1)九千七百六十八万七千
(2)7千の位，7百万の位
(3)1000倍
③ (式)12×4=48　48÷8=6　(答え)6人
④ (式)3×4=12　2×12=24
　　　　　　　　　　(答え)24じょう
⑤ (式)750−150=600　600÷10=60
　　　　　　　　　　(答え)60g
⑥ (1)午後8時20分

(2)午後9時5分
⑦ (式)500m+1km200m=1km700m
　550m+900m=1450m=1km450m
　1km700m−1km450m=250m
(答え)あゆみさんの家によって行く道が250m近い。
⑧ (1)(式)63÷9=7　7+2=9
　　　　　　　　　　(答え)9人
(2)(式)63÷9=7　　(答え)7こずつ
⑨ (1)(式)12×2=24　75×24=1800
　1800g=1kg800g
　　　　　　　　(答え)1kg800g
(2)(式)2kg−1kg800g=200g
　　　　　　　　　(答え)200g
⑩ (式)598×6=3588　185×8=1480
　3588+1480=5068
　　　　　　　　　(答え)5068円
⑪ (式)15×(3×2)=90　(答え)90m

📖 とき方

① (1)たてのじくを見ると，1目もりは10人を5つに分けた1つ分なので，10÷5=2(人)
(3)りんごがすきな人は12人で，バナナがすきな人は4人なので，12÷4=3(倍)
② (1)4つずつ区切って，位取りをします。一度声に出して読んでみましょう。
(3)位が1つ左にいくと10倍，2つ左にいくと100倍，3つ左にいくと1000倍…となります。

千	百	十	一	千	百	十	一
			万				
9	7	6	8	7	0	0	0

③ はじめに全部のあめの数をもとめましょう。
12こ入りのふくろが4ふくろあるので，
12×4=48(こ)あります。
これを，8こずつ分けるので，
48÷8=6(人)となります。

④ はじめに，全部で何回分もらったのかを考えましょう。
1日3回で4日分もらったので，
3×4=12(回分)
1回2じょうなので，2×12=24(じょう)

| 1回分 | ---×3---→ | 1日分 | ---×4---→ | 全部 |

---×(3×4)---↗

5 はじめにたまごだけ(10こ分)の重さを考えましょう。全体の重さが750gで，かごの重さは150gなので，たまごだけ(10こ分)の重さは，
750−150=600(g)
10こで600gなので，1この重さは，
600÷10=60(g)

6 (1)午後6時50分から1時間30分後なので，
6時50分+1時間30分=7時80分
となりますが，80分=1時間20分なので，
8時20分になることがわかります。
(2)(1)より，勉強をし終わったのが，8時20分なので，8時20分+45分=9時5分

7 みち子さんがけんたさんの家によって学校に行く道のりは，500m+1km200m=1km700m
あゆみさんの家によって行く道のりは，
550m+900m=1450m=1km450m
道のりが遠いのはけんたさんの家によって行くほうなので，
1km700m−1km450m=250m となります。
よって，あゆみさんの家によって行く道のりのほうが，250m近いです。
kmをmになおして計算してもかまいません。
1km200m=1200m として同じように計算してもとめることができます。

8 (1)63このクッキーを9こずつ分けたときにもらえる人の人数は，63÷9=7(人)
もらえない人が2人いるので，みんなの人数は，
7+2=9(人)
(2)(1)より，63このクッキーを9人で分けるので，
63÷9=7(こ) ずつになります。

9 (1)1ダースは12こなので，2ダースでは，
12×2=24(こ) のたまごがあることがわかります。1こ75gなので，75×24=1800g
(2)箱の重さは，全体の重さからたまご2ダース分の重さをひけばよいので，
2kg−1kg800g=2000g−1800g=200g

10 1箱598円の絵の具を6箱買ったので，絵の具の代金は，598×6=3588(円) です。また，1本185円の絵筆を8本買ったので，絵筆の代金は，185×8=1480(円)
よって，合計の代金は，
3588+1480=5068(円)

11 市役所の高さは学校の高さの3倍で，電波とうの高さは市役所の高さの2倍なので，次の図のように，電波とうの高さは学校の高さの(3×2)倍となります。よって，学校の高さが15mなので，市役所の高さは，
15×(3×2)=15×6=90(m)

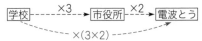

| 学校 | ---×3---→ | 市役所 | ---×2---→ | 電波とう |

---×(3×2)---↗